野果 游乐园

黄丽锦◎著

U0334355

商务印书馆
The Commercial Press
创于1897

2016年·北京

THE FABULOUS WORLD OF

WILD
FRUITS

野果 游乐园

作者序

大自然中美丽娇艳的花朵，令人赏心悦目，而圆润鲜嫩多汁的果实，则令人食指大动。在解说体验活动中，遇到最多的问题便是："可以吃吗？"其实除了吃之外，果实的形态相较于花而言，变化繁复得多。这都是为了要传播种子、扩展领土而做的变化。

小小种子是生命的起点，借由果实的承载，离开植物母亲的怀抱，开疆拓土寻找一片属于自己的天地。看似不会动的植物，其实并不如我们想象的那样不动如山，面对不同环境的考验，它们有各种不同的策略及应变措施。

有的借用水的力量，让自己变轻，加装防水及漂浮的装备；有的运用风的力量，为自己加装翅膀及飞翔的羽毛；有的运用自己的力量，利用特殊的装备，将种子弹射出去；有的则是借由动物的力量，加上钩刺或黏液，以便钩附在动物身上搭便车；有的则是干脆让动物吃进肚子里，来一趟肠道历险，并随着粪便排泄出来，不仅远离了原有的家园，甚至一开始就有了良好的肥料，提供发芽生长的养分。这丰富而多样的生存技能，不由得让人佩服它们展现的生存智慧。

植物的辨识很不容易，因此才考虑由比较引人注意的花、果来入手。《野果游乐园》延续《野花999》的模式，透过各类的观察主题来欣赏野果及种子，让喜爱植物的伙伴，除了花朵之外，也可借由果实、种子的造型、色彩及传播方式来领略果实与种子之美，书中描述的大多都是个人观察的角度及主题。这本书还尝试着以植物家族来举例介绍，通常同一家族的植物成员，具有类似的花、果形态，虽然不知道确切的名称，但看到它们的花、果，大概可以知道是属于哪些家族的成员，以此提供大家一种辨识的入门方式。

对于植物的观察，不一定要从很专业的科、属、种入手，也可单纯地欣赏它的形态，观察它成长的历程，看它色彩的变化，以及面对环境的挑战，以轻松有趣的方式去接近它，了解它。有时抛开那些艰涩难懂的专有名词，只是单纯地欣赏，感受它们身上的宁静与律动，感受那份单纯及纯粹的美，也是一种体验的方式。

　　果实代表一个丰硕的成果，是一个完结，是一个美好的结束。其中的种子所代表的，却是一个希望，一个开始，是另一个开端。每次演讲完，总会与大家分享亨利·梭罗在《种子的信仰》书中的一段话：

虽然我不相信

没有种子的地方

会有植物冒出来

但是，我对种子怀有大信心

若能让我相信你有一粒种子

我就期待奇迹的展现

　　期待这本书可以成为一颗自然的种子，我将它散播给各位，也期待各位让这颗种子生根发芽茁壮，并且再次将它散布出去，到世界的各个地区及角落。让这份自然之爱在世间流转扩散。

Chapter 1

植物生命的奥秘

THE FABULOUS WORLD OF

WILD FRUITS

果实与种子的形成

　　植物开花最重要的目的，是要结成果实，繁衍后代，延续生命。因此花、果实、种子是植物重要的繁殖器官。

　　植物绽放花朵，借由风、水、昆虫、鸟、兽等不同的花媒协助传粉。当花的媒人协助将雄蕊的花粉传递到雌蕊的柱头上之后，便完成了授粉。这时在柱头上的花粉粒会产生花粉管，延伸入花柱中，抵达子房内的胚珠。

　　花粉粒中的两个精子，便借由花粉管来到了胚珠，其中一个精子与胚珠内的卵结合，形成受精卵，进而发育成胚；另一个精子则与胚珠内的极核结合，形成受精极核，最后发育成胚乳。由于是两个精子分别与卵和极核结合，因而被称为双受精。

　　受精后的胚珠，逐渐发育成熟便形成种子。同时子房也随之膨大发育，成为保护种子的果实。

水黄皮淡紫色的花朵，每年秋季是盛放的季节。

完成授粉之后，花瓣、雄蕊凋萎，子房便开始成长。

水黄皮
结果的过程

子房静静地成长发育。

子房膨大形成果实，初生果实为绿色。

胚珠发育形成种子。

果实成熟后为黄褐色。

种子的护卫——果实

果实是植物的繁殖器官，最重要的任务就是保护种子，并协助种子的传播。花完成授粉后，由子房发育而形成果实，但也有些植物是运用花的其他部位，例如花托、花萼，甚至整个花序，一起与子房共同发育而形成果实。

果实的构造，包含了果皮与种子，其中果皮又可分为外果皮、中果皮、内果皮三层。这三层果皮的厚度与质地，因种类不同而有差异，有些甚至结合在一起无法区分。

果实的构造

果皮

种子

果实的种类——单果

由一朵花中的一个子房发育形成的果实，称之为"单果"。其中又依果实成熟后是否含有水分，可分为肉果及干果。

肉果类

肉果是多肉多汁的果实，并且具有鲜艳的色彩变化，吸引鸟兽取食，以达到传播种子的目的。

◎浆果：具有柔软的果肉，富含浆汁，并且内含较多的种子。

光果龙葵。

三角叶西番莲。

阿里山五味子。

西印度樱桃。

日本商陆。

◎核果：外果皮薄，中果皮厚，内果皮坚硬，形成一个硬核，内含单一种子。

台湾青荚叶。

珊瑚树。

上图：秋枫。 下图：苦楝。

樱花。

山枇杷。

◎梨果：又称为仁果。果肉由子房和花的其他部位组成，里面有干硬的果仁。

峦大花楸。

厚叶石斑木。

湖北海棠。

梨子。

◎瓠果：浆果的一种特殊类型。外果皮和花托形成坚硬的瓜皮，中果皮及内果皮形成肉质的部分，内含有许多种子。以葫芦科家族为主。

台湾马㼎儿。

双轮瓜。

南赤瓟。

山苦瓜。

◎柑果：浆果的一种特殊类型。外果皮厚并富含油质，内果皮形成一个瓣状的汁囊，以柑橘类植物为主。

甜橙。

枳树。

干果类

果实较为干燥，不富含汁液，可分为开裂及不开裂两类。大多是运用水、风或是自身的特殊构造来传播种子。

【开裂的干果】

果实成熟后自然开裂，散露出种子。

◎蓇葖果：所谓"蓇葖"，意指如同骨头般突出。由离生的单个心皮发育而成的果实，成熟后，会由果实的腹线或背线一侧裂开。

野鸦椿。

椿叶花椒。

上图：蔓乌头。 下图：广玉兰。

小花八角。

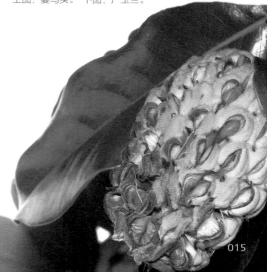

◎荚果：由单一心皮发育而成，通常是豆科家族形成的果实。有多种开裂方式。

亮叶猴耳环的荚果以螺旋状扭曲开裂。

猪屎豆由两侧开裂。

羊蹄甲的荚果以扭转卷曲的方式开裂。

盾柱木的荚果不开裂。

含羞草具刺的荚果由节间断裂，又称为节荚果。

合萌的荚果由节间断裂，又称为节荚果。

◎蒴果：由两个或多个心皮子房发育而成，果熟后，有多种开裂的方式。

毛马齿苋的果实自上半部开裂，形成一个盖子，称为盖裂。

大叶桉由果实的顶端开裂成小孔，称为孔裂。

上图：黄槿的果实由背部的中央开裂，称为背裂。
下图：艳山姜的果实由心皮相接处开裂，称为间裂。

◎**角果**：角果是十字花家族果实的特征。果熟开裂成两半，中间会有隔膜。

细叶碎米荠长角果。

荠葖圆形的角果。

荠菜三角形的短角果。

玉山筷子芥开裂后，分成两半，中间有隔膜。

【不开裂的干果】

◎翅果：果实的果皮会延伸成翅状，可以乘风飞翔。

台湾红榨槭。

榔榆。

光蜡树。

◎瘦果：果实成熟时不会裂开，里面只有一粒种子。果皮与种皮不相连，可以分离。菊科家族大部分为瘦果。

蓟。

白花鬼针草。

小木通。

◎坚果：果皮坚硬无比，具有良好的保护作用。许多植物家族的坚果十分细小，不易观察，壳斗家族是最容易观察的坚果。

◎颖果：果皮和种皮紧密结合在一起，不易分离。这是禾本科家族的果实特征。

狭叶青冈的坚果。

稻子。

上图：半枝莲的坚果。　下图：盾果草的坚果。

高山芒。

狼尾草。

◎胞果：果皮薄而膨胀，内含一粒种子，果皮和种子容易分离。多为苋科及藜科家族的植物。

◎双悬果：由两个心皮合生的雌蕊发育而成，果实成熟后，会裂成数个各带一粒种子的小果实，例如许多伞形科植物。

滨当归。

青葙。

玉山茴芹。

野苋。

天胡荽。

果实的种类——复果

复果是由一整个花序，或是由一朵花内的许多离生心皮发育而成的果实，包括聚合果和聚花果。

◎聚合果：一朵花拥有许多雌蕊，每个雌蕊的子房都会发育成一个小果，这些小果全聚生在同一个花托上。

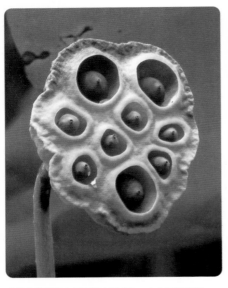

草莓的花托膨大成肉质状，许多细小的瘦果在表面。

荷花的莲蓬是由花托膨大形成的，内含许多坚果。

禺毛茛是由瘦果组成的聚合果。

梾叶悬钩子则是聚集了许多小果聚合果。

红刺露兜树。

◎聚花果：由一个花序上的许多花朵的子房发育而成。如露兜树、桑葚、无花果。

凤梨。

薜荔。

桑果。

◎**球果**：松、杉、柏之类是比较古老的植物，种子裸露在外。由木质化的大孢子叶形成一个球状，类似果实的状态，因而以"球果"称之。种子着生在大孢子叶顶端，当种子成熟时，种鳞开裂，散逸出种子。

上图：冷杉蓝色直立的球果。　下图：雪松浑圆的球果。

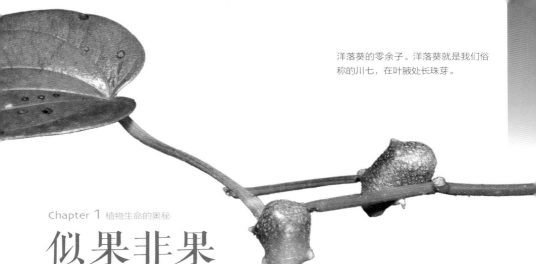

洋落葵的零余子。洋落葵就是我们俗
称的川七,在叶腋处长珠芽。

似果非果

　　除了真正的果实之外,在植物的身上,还有些似果实却不是果实的东西。

零余子

　　以字面上来看,所谓"零余子"是指多长出来的种子或是多余的孩子。但对于植物而言,这并非真的是种子或孩子,而是颗粒状的茎或芽。植物的繁殖除了有性生殖之外也可运用无性生殖,而零余子便是无性生殖的一种方式。零余子大多生长在植物的叶腋处,内含养分,一旦落地便可长出新的植物。由于功能类似种子,所以被称为"零余子",也叫作"珠芽"。拥有零余子的植物不多,薯蓣类或百合类的植物较常见。

薯蓣的零余子。

虫瘿

　　另外在植物的某些身体部位，也可发现各类不同的突起物，有的造型独特，使人误以为是果实。其实那是由昆虫、真菌类或其他生物刺激植物组织，所产生的不正常增生的状态，这种现象被称作"瘿"。由昆虫造成的瘿就叫作虫瘿。换句话说，也就是昆虫的宝宝以植物内部组织为家，而造成植物生病的现象。

　　在植物的茎、叶、花、果、芽、叶柄各个部位，都会有虫瘿产生，其中以叶子为最主要产生的部位。不同的昆虫与不同的植物创造出来的虫瘿造型是不同的，有圆球状、针刺状、棒状、珊瑚状、各形各色，有的像是肿瘤不甚美观，但也有形如铃铛或是小杯子状的虫瘿，引人欣赏。

　　特别的是，不同的昆虫及生物对于运用的植物有特定的专属性，因此也可作为我们辨识植物或昆虫的方式之一。在野外观察时，可以试着去做虫瘿与植物之间关系的记录。

台湾云杉身上，这看似球果的物体，其实是由一种蚜虫产生的虫瘿。

香楠虫瘿。通常在香楠叶面上，颜色会变化，有绿、红、黑等。

在香楠叶上通常可以找到几种虫瘿，这是铃铛状，经常在叶背发生。

榕树类的虫瘿花。榕小蜂在榕树的花上产卵，作为小蜂的育婴房。

在长叶木姜子上的杯状虫瘿。

风筝果如同牛角状的虫瘿，贯穿叶片。

有的虫瘿是长在花上，瘤果蛇根草是中海拔常见的蛇根草，每年春天是盛放的季节，被当作育儿房的蛇根草花，一直呈现花苞状态，不会打开，像一个膨大的花苞。

长在荚蒾果实上的虫瘿。一般正常的果实在旁边，不正常的膨大，好像长了两种果实。

杜虹果实上的虫瘿。

我是种子

种子是由雌蕊授粉后子房内的胚珠发育而形成的。其中受精卵形成胚的部分，受精的极核则发育为胚乳。种子的构造，包含了种皮、胚乳、胚三个部分。

各形各色的种子

种子的颜色与大小，因传播方式的不同，而有各类的形态，有翅形、有薄膜状、有圆形、有三角形。

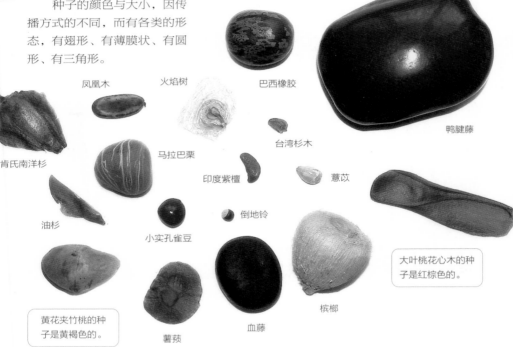

凤凰木

火焰树

巴西橡胶

鸭腱藤

肯氏南洋杉

马拉巴栗

台湾杉木

印度紫檀

薏苡

油杉

倒地铃

小实孔雀豆

大叶桃花心木的种子是红棕色的。

槟榔

黄花夹竹桃的种子是黄褐色的。

薯蓣

血藤

种皮

包覆在种子最外层的部分，保护胚与胚乳的构造，叫作种皮。种皮的性质及厚度随着植物的种类而有差异。通常种皮大多较为坚硬而厚，隔绝外界对胚的破坏，减少水分散失，避免在不适当的环境中发芽。有的则是种皮较薄，由果皮来保护种子，还有些是种皮与果皮紧密相连，共同担负保护的工作。

黄杨的种子是黑色的。

假种皮

　　有些种子在外表加覆了一层特别的构造，如同为种子穿上了衣服一般，因此又被称为"种衣"。这种衣服不仅具有保护的作用，而且鲜嫩多汁，并以艳丽的色彩吸引动物取食，借此将种子散布出去。我们熟知的水果，例如龙眼、荔枝、百香果都有假种皮。

厚叶卫矛的假种皮是红色的。

艳山姜黑色的种子，外层有白色的假种皮。

上图：穿鞘花的假种皮为红色。
左图：野姜花的假种皮是红色的。

029

是果还是籽?

有些果实的形态,由于体型较小,常会被误认为是种子。有些则是果皮与种子紧密相连无法分离,以"种实"的名称来称呼,例如颖果类。

薄叶牛皮消则是种子具有冠毛。

屏东铁线莲的瘦果有长毛状羽毛,是果实的形态。

台湾梭罗的果实是会开裂的蒴果,种子带有长长的翅翼,叫作翅子。

薯蓣的种子能形成薄膜,借以滑翔。

台湾三角槭的果皮延伸成翅膀状，被称作翅果，是果实的形态。

紫檀果皮形成一个圆盘状，可借风飞翔。

Chapter 2

果实种子设计家——造型篇

THE FABULOUS WORLD OF

WILD FRUITS

果实想象力

法国的雕塑大师罗丹曾经说过："这个世界不缺少美，而是缺少发现的眼睛。"生活中处处充满着美的事物，若能由不同的角度去观察、去欣赏，将会有更多不同的发现与体会。

植物为了适应环境、繁衍后代，使出了浑身解数，变化各种造型，来达成生存的使命。当我们留心驻足欣赏，将会发现自然中蕴藏的无限奥秘。

除了以常规的观察方式记录植物的生态，也可用美的角度来欣赏果实之美。自然中充满了各种不同的造型，等待我们去发现。可惜的是，在繁忙的生活中，我们的想象力似乎也变弱了。每次在课程的分享中，请大家说说自己的想法，大部分不是没有意见，就是害羞不好意思开口，倒是小朋友完全不受限，纯真地与大家分享。人们总是在意别人的看法，重视标准答案，担心说错了会被人笑，其实"美"原本就没什么标准答案，有时候抛开既有的限制，让自己天马行空，便会发现自己拥有的创意。

下面请试着发挥您的想象力，看看以下几张果实的造型，会联想到什么？没有标准答案，请天马行空地进行联想。

艳山姜。

银叶巴豆。

台湾黄杨。

福建胡颓子。

美人蕉。

小花八角。

裂叶秋海棠。

能高大山紫云英。

果实大头贴

　　模特儿在拍摄照片时，常常会变化不同的姿势，展现不同的风情，因此最重要的是要会摆姿势，进行五连拍、十连拍。我们也可针对单一果实，进行不同角度的欣赏。

斜侧身看，像嘟着嘴的人。

由这个角度看，像不像张嘴露出牙齿在笑的脸？

把嘴嘟得高高的人。

像戴着面具的人，邪恶的脸。也有点像愤怒的小鸟的表情。

爱心系列

有句话说："天上最美的是星星，地上最美的是温情。"人间处处有温情，只要多一份心去领略，便能感受到其中的美。关于"心形"的事物，总是能引发人们的兴趣。

在体验活动中，每当引导学员去寻找发现心形的叶、花、果时，都是大家十分开心愉悦的事，似乎只要找到了心形的花与果，就代表拥有了美丽的心。看着大家欢欣的笑容，总能感受到他们对自然最纯粹的爱。没有目的，也没有原因，就只是单纯的爱。

心形之果——荠菜

也许是自己个头小，对不起眼的小野花总会特别留意。生长在草地上的荠菜，虽然也是十字花科家族的一员，但那十字形的花朵与同家族的成员相比，显得小巧而细致。花轴上依序排列着倒三角形的果实，宛如一颗颗爱心，甚为可爱。

曾在一次冷空气来袭的季节上山，整个山林被白色的雾凇笼罩，许多植物都

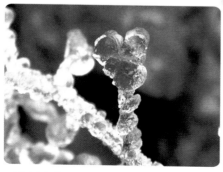

一波冷空气来袭，让山区凝结了许多雾凇，发现了这冰封的"心"。

被冰凝结，一片冰封的银白世界，时间宛如静止了一般。路旁的荠菜，也被冰包覆，那冰封的"心"，待有心人去溶解。

这可爱的心形果实，成熟后会由中央开裂成两半，泼洒出细小的种子。因此林奈在命名这个物种的时候，用了一个词组 *bursa-pastoris*，意思是"牧人的皮囊"，可能是指果实像草原上牧人喝水用的皮囊吧。据说种子一旦遇到了水，便会分泌黏液，借此沾附在蚯蚓之类的地底生物身上而进入土中，散播到较远的地方。

荠菜既然名之为"菜"，想必是可以当作菜肴。自古以来便是野蔬佳肴，许多文人墨客多有赞赏与歌咏，美食家苏东坡誉之为："天然之珍，虽小甘于五味，而有味外之美。"

倒三角形的角果，依序排列在花轴上。

草地的蓝宝石——阿拉伯婆婆纳

拥有着怪名字的阿拉伯婆婆纳，成片生长于地面。蓝色的小花，盛开时点缀着绿草地，宛如繁星点点。花丛间仔细翻找，可以发现那尚未成熟的心形果实。婆婆纳家族的成员，都拥有这类似的心形果实，成熟后开裂，摇散出种子。

植物的命名，不同的国度、不同的人有着不同的想象。借由不同的命名由来，我们可以得知许多奇闻逸事。"婆婆纳"之名，据说是因为果实长得像老婆婆收纳针线的工具。果实两端突起，中间有个凹槽，可以将丝线缠绕于其中，有收纳针线之用。但日本人的看法就不同了。当日本人看到这心形的果实，想到的竟是狗狗的蛋蛋，因此命名为"大犬阴囊"。曾有荒野伙伴以阿拉伯婆婆纳为自然名，但在得知这个令人尴尬的日本名字之后，便连忙更换别的自然名。

中日两国以果实的形态来命名，外国的基督徒却有不同的看法。据说看着阿拉伯婆婆纳的花心，会浮现耶稣的脸。这是因为当耶稣背负着十字架走向刑场时，有一名叫作Veronica（维若尼亚）的女子看了不忍心，拿着她的手帕，为耶稣擦拭脸上的汗水。当耶稣离世之后，这条曾经擦过耶稣汗水的手帕，竟展现奇迹，浮现了耶稣的面孔，这便是阿拉伯婆婆纳学名"Veronica persica"的由来。下次见到它时，可以仔细端详，看看是否会浮现耶稣的面容。

其实植物之名是人类为了方便辨识而为它们取的。我们也没有问过植物，它们喜不喜欢这样的名字，也许在它们之间，各自有它们的名字吧！

蓝色的花朵缀满草地，亮眼动人，总是让人忍不住拜倒在它的面前。

阿拉伯婆婆纳的心形果实。在中国是老婆婆的针线收纳工具，在日本则是"大犬阴囊"。在我看来，则是心形之果。你们觉得呢？

据说看着阿拉伯婆婆纳的花会浮现耶稣的脸！

成熟后开裂，种子随风摇散出去。中间深色的为种子。

婆婆纳属家族的植物，花的形态都很类似，只是颜色和大小稍有差异。这是生长在高山上的玉山水苦荬。

玉山水苦荬同样拥有心形的果实。

串串之心——皱叶酸模

随处可见的皱叶酸模，常被人们视为杂草。小时候曾看过外婆将皱叶酸模叶切碎后，拿来喂鸭子或鹅。《诗经·小雅》里说："我行其野，言采其蓫。""蓫"音同"竹"，指的就是酸模属的植物。（注：这里不一定指皱叶酸模，更多地是指羊蹄酸模。）由于味道苦涩，古时候被视为恶菜。只有在遇上荒年之时，人们才勉强食之。花十分细小且不起眼，但果实很可爱。三角形的坚果密集成串地生长在茎干上，像是一颗颗爱心，摇曳生姿。

皱叶酸模的红褐色成熟果实。

被视为杂草的皱叶酸模，过去被农家拿来作为家禽的食物。

蔓藤之后——珊瑚藤

来自墨西哥和中美洲国家的珊瑚藤，亮丽的花朵盛开时，如同一片花海布满棚架，因而有"藤蔓之后"的盛名。看似花瓣的部分，其实是由瓣化的苞片组成的。三角立体锥状的坚果，被包覆在增大的苞片之中，形如一颗颗爱心悬吊于棚架间。

果实由瓣化的苞片覆盖着，形如一颗颗悬挂着的爱心。

爱心之籽——倒地铃

圆滚滚的倒地铃果实，像是一个个鼓胀的灯笼，灯笼内蕴藏了三颗黑色的种子。翻开细看种子中间，有一个白色的心形图案，甚为独特。这心形的图案，是倒地铃妈妈传送养分给种子的地方，是植物母亲爱心的印记。

在荒野保护协会的自然体验活动中，我们常常赠予参与伙伴每人一个种子瓶，瓶中最常放置的便是倒地铃的种子。以这拥有爱心的种子，代表着对于自然之爱的传递，期望大家将这象征自然的种子散播出去，使我们的世界更加美好。

拥有心形图案的倒地铃种子，在台湾中南部较常见。

这是形如灯笼的果实，由果皮膨胀而成，种子在其中孕育成长。

热情如火的火焰树

来自于热带地区的火焰树，硕大橙红的花朵绽放在枝干顶端，在蔚蓝的晴空映衬之下，宛如熊熊燃烧的火焰，艳丽动人。长长的蒴果，蕴藏有上千颗种子，一旦果实开裂，这身穿薄翼羽衣的心形种子，便带着母亲的祝福，借由风的吹送飘移到远方去。台湾早期引进火焰树做庭园观赏之用，现在许多校园及公园绿地都有栽植。虽然每年都会开花结果，但以台湾南部的花朵开得较盛，更能呈现出火焰般的热带风情。据说这火红的花，夜晚会散发出特别的气味吸引蝙蝠来传粉。

心形种子，带有半透明的薄翼，借此飞行传播。

干燥花系列

玫瑰花常常是人们用来表情达意的花朵，也是人们最喜爱的花之一。那层层叠叠的花瓣，自有一份繁复之美。

松果玫瑰花

松柏类的植物，种子裸露在外，被称作裸子植物。通常生长在木质化的大孢子叶中，我们将其称作"球果"。

最常见的种类包括台湾铁杉、台湾黄杉、台湾油杉。它们虽然名为"杉"，却都是松树家族的成员，只是叶子不如松树那般细长尖刺，而是扁平状线形或镰刀状。鳞片状木质化的孢子叶，层层相叠保护着种子。一旦干燥开裂后，这层层叠叠的果鳞，如同一朵盛开的干燥玫瑰花，清丽动人。

台湾铁杉

台湾黄杉

黄山松

湿地松

◎ 大玫瑰——台湾黄杉

台湾黄杉是台湾特有种的裸子植物，大多生长在海拔800至2500米的中海拔山区。和其他家族成员相比，数量比较少，被列为易濒危的植物。干燥开裂的球果，形如玫瑰花。

高大壮硕的台湾黄杉，是台湾特有种植物。

未开裂的球果。

开裂后形如一朵玫瑰花。

◎小玫瑰——台湾铁杉

台湾铁杉由于材质坚硬，而有"铁"之名。大多生长在海拔2000至3500米的高山。球果是松科家族中最小的，大约只有2至3厘米长，种子更小。如此高壮的树木，竟是由小小的种子孕育而成，真是令人惊叹自然的神奇。玉山排云山庄前的铁杉林，是我十分喜爱的地方。高大直挺的铁杉，耸立于山林之间，向外延伸的枝干，幻化着不同的姿态。尤其是在云雾中，更增添一片朦胧之美。

台湾铁杉由于材质坚硬而得名。

球果开裂形如一朵玫瑰，但比黄杉的球果小了许多。

◎珍贵稀有的台湾油杉

台湾油杉由于树干受伤时会流出油一般的汁液，因而得名。野生油杉的数量不多，呈现台湾南北两端不连续的分布，北部坪林、宜兰礁溪及台东的大武山一带，都设有台湾油杉的保护区。目前被公告列为珍贵稀有的植物。

球果渐趋成熟，球果开裂露出有翅的种子。

从正面看，开裂的球果像层层叠叠的繁复玫瑰。

姬旋花（木玫瑰）

　　来自于热带美洲的姬旋花，是黄色漏斗状花朵，说明它和牵牛花是同一家族的成员。由于开裂的果实形如干燥的玫瑰花，而有"木玫瑰"的俗名。台湾在1910年引进栽种，目前在中南部比较常见。若非开花结果，应该很少人会留意到它的存在。鲜黄色喇叭状的花朵随着蔓性的茎条，各处绽放着。花谢后，花萼会闭合起来，让果实在其中安心成长。果熟时，花萼便会打开，如同一朵花一般。许多人喜爱取用这木质化的果实作为装饰。

姬旋花被引进栽植观赏，在台湾中南部比较常见。

开裂后的果实像一朵干燥花，因此又被称为"木玫瑰"。

大花紫薇

　　大花紫薇来自于亚洲热带，由于花大而艳丽，广为栽植作为行道树及都市绿地树种。花色富有变化，早晨初开为粉红色，中午为紫红，傍晚则为紫色。蒴果成熟后自然开裂，散逸出带翅的种子，随风远扬，开拓新土。种子飞散殆尽的果实，如同一朵干燥花，甚为美观。

香椿

　　原生于大陆的香椿，台湾引进栽植已有长久的历史。由于全株具有特殊的气味，过去许多外省人喜欢在庭院中种植，以香椿的嫩叶做蔬食。花通常开在枝干顶端，不易观察。果实成熟后自然开裂为五片，形如干燥的花朵，带翅的种子会借风传播。

果实开裂后，具翅的种子随风飞散出去。

香椿自然开裂的蒴果，如同一朵干燥花。

山茶干燥花——木荷&大头茶

山茶家族中的大头茶及木荷都是高大的乔木，蒴果生长在枝端，开裂之后，等待风起，将带翅的种子散布出去。

大头茶长椭圆形的蒴果。

同家族的木荷，为扁圆形的蒴果，集中生长在枝端。

上图：半开的果实可见其中的种子。
下图：种子散逸殆尽，仅剩木质化的空壳。

开裂的果实则是小朵的干燥花。

壳斗帽世家

壳斗家族以帽子产业举世闻名，全家族都是帽子的爱好者，时时戴着各具特色的帽子，举凡瓜皮帽、大波浪帽、毛帽、草帽，各种款式，应有尽有，可说是最具有流行时尚设计感的家族。"壳斗"是这个家族的特色，所谓"壳斗"是由总苞片形成如同斗状的壳，覆盖着坚果，成熟后会自然脱落。而壳斗外常有不同的纹路、突起或棘刺，宛如不同造型的帽子。

卷草帽——栓皮栎

栓皮栎在台湾中部中海拔山区一带，常与二叶松形成纯林。树皮具有软厚的木栓层，不易燃烧而且具有隔热的效果，即使枝叶被烧光殆尽，树干也不会受到太大的伤害，并且可迅速地抽出新芽。它广泛被人们运用作为制作软木塞的材料，欧洲地区为了葡萄酒产业，大量砍伐栓皮栎，致使栓皮栎面临着严重的生存危机。壳斗具有多重的芒刺，但都是软刺，并不会扎手。这多重的卷曲，看起来像是戴着一顶大草帽，或是一个小太阳。壳斗成熟之后，常常会与果实分离，因此有些伙伴会捡拾掉落的壳斗，发挥巧思，进行创作。将这卷曲的草帽，戴在手指上，就变成了拥有爆炸头的人。

瓜皮帽——青冈

青冈是台湾常见的壳斗家族植物，壳斗形成一圈圈的同心圆，就像戴着一顶瓜皮帽。

大盘帽——油叶柯

戴着扁平大盘帽的油叶柯，大多分布于台湾中南部低海拔的森林之中。壳斗的形态呈圆盘状，宛如一个大盘帽，并且装饰有三角状的花纹。

左图：戴着卷曲草帽的栓皮栎。上图：栓皮栎的初果。

壳斗帽子大展

青冈

毛果青冈

栓皮栎

大波浪毛帽——毛果青冈

毛果青冈又名金斗栎、卷斗栎。它的壳斗密披黄褐色的绒毛，且壳斗边缘会展开而反卷。毛果青冈随着年龄的成长，戴着不同的帽子。刚开始是紧密的毛帽，稍长是逐渐展开的波浪帽，成熟后则是反卷的大波浪帽，姿态多变，颇具风情。毛果青冈比较少见，大多分布在台湾中部地区的埔里、日月潭一带，在南投的埔里地区是比较容易观察到的地方。

毛果青冈大波浪毛帽。

刺猬帽——栲

叛逆小子栲，戴着全是棘刺的帽子，令人不敢亲近。唯有将帽子摘掉时，才能发现它们柔软的心。

被刺猬帽包覆住的栲。

戴着刺猬帽的栲。

047

刺猬头系列

叛逆小子有自己的主见与想法，不想照着别人安排好的道路走，而要以自己的节奏与步伐前进。化香树、台湾杉木、木麻黄都是叛逆小子，梳拢着刺猬头，行走自然，让人不敢靠近。

化香树

台湾中海拔山林常见的化香树，是冰河孑遗的古老植物，大多生长在阳光充足的山坡地带。秋天是化香树果实最酷炫的展露时期，一层层向上集中、往上梳拢的刺猬头，是新时代最时尚的造型，仿佛桀骜不驯的叛逆小子。我们看到的那一颗颗的刺猬头，其实是由众多果实排列而成的果序状态，小小的坚果隐藏在针刺状木质化的苞片之中。坚果具有羽翼，秋冬季节，每当繁叶落尽，带着薄翼的果实就会随风摇洒出去。

在台湾，有三种植物虽不是裸子植物，却长有球果状的果实，这三种植物就是化香树、台湾桤木和木麻黄。那状似球果的果实，是由整个雌花序发育而成的，木质化的苞片，形成一层层宛如球果的果鳞，带着狭翅的坚果就隐藏于这宿存的苞片之中。

化香树未成熟的果实。

成熟后苞片木质化为红褐色，坚果隐藏于苞片之中。

上图：秋季落叶后，仅剩果实在枝端。
左图：化香树的雄花序与雌花序。

台湾桤木

　　台湾桤木喜爱生长在阳光充足的地方，因此崩塌地最先长出来的树木往往就是台湾桤木。它们的根部具有根瘤菌，可以固着空气的氮，转化为可供运用的养料，可使贫瘠的土壤变成肥沃之地。台湾泰雅人古训，在一地栽种三年以后，改种桤木，等待地力肥沃之后，再回来栽植。山民早已熟稔自然之道。

　　我在中海拔山区观察时，偶遇一大批短暂过境的黄雀。具有团队精神的黄雀，时常同步飞行、同步停歇枝叶间，起飞、转弯，一同拍翅，振振有声，令人惊异。它们时常停歇在台湾桤木的枝桠间，取食桤木的小坚果。轻薄细小的坚果，可借由风吹散出去，落到水面又可顺着河流传播出去。因此除了在陆地之外，在河岸边也常可见成林的桤木生长，因此又名为"水柯仔""水柯柳"。

台湾桤木的初果。

散逸出有翼的坚果。

台湾桤木是阳性的先驱植物。

雄花序为长长的柔荑花序。

木麻黄

　　海滨地区的防风林，常常是由木麻黄组成的。木麻黄为引进的外来种，细长下垂如同叶子的部分其实是茎条，叶子退化长在茎节之处，这是为了适应海边的环境而形成的特殊构造。

木麻黄的雄花序，长在枝条前端。

雌花序在枝条间。

其中带翅的坚果。

木质化球果状的果实，成熟后苞片——开裂，如同一颗小型的菠萝头。

台湾杉木

　　它由于在峦大山地区被发现，也叫峦大杉。因枝干会发出香味，又名香杉。它与另一种早期先民由大陆引入的杉木十分类似。有些人说果实较小、叶片较短的为台湾杉木，但也有些人主张是同一种。无论是杉木或是台湾杉木，球果都长得像一颗刺猬头。自然干燥成熟后，球果会逐渐张开，便由刺猬变成了玫瑰，但仍然无法亲近，一触碰仍会扎手。

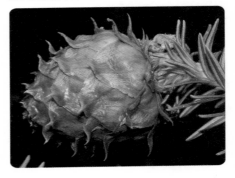

台湾杉木的刺猬头。

小绿人系列

血桐

　　血桐是在平地郊山十分常见的植物，喜爱阳光的它，总是生长在阳光充足的开阔地，晴空绿叶，一片欣欣向荣。名之为"血桐"，是因为枝干断裂处流出来的汁液，在空气中氧化而变成红褐色，好像流血了一般，也有人叫它"流血树"。春天是花朵绽放的季节，分"男生树"和"女生树"。花小不起眼，只有在结果实时，才稍稍引起人们的注意。成熟开裂后，显露出成熟的黑色种子。果实的外表长了许多放射状的软棘刺，如同动画片《玩具总动员》中巴斯光年的朋友——三眼绿色外星人。

血桐的果实外长有许多小软刺，像是绿色的外星人。

果实开裂，露出黑色的种子。看起来像不像张开眼睛的外星小娃？

种子黝黑，富有光泽。

051

黄杨小绿人

可爱的黄杨，绿色的果实具有表情，不同的角度，有时看像是老鼠的脸，有时像是噘着嘴。开裂后露出富有光泽的种子，又有点像是猫头鹰。

未成熟的绿色果实。前端有宿存的柱头，形成多角状。

像小老鼠的脸。

即将开裂成熟的果实转为褐色。

像外星人闭嘴微笑。

开裂后露出黑色的种子。

开裂后种子散尽，仅剩下空壳，像不像一只猫头鹰？

八角小童子

看看这个，大家觉得像什么呢？个人觉得像是小童子。这是在四川地区拍摄的小花八角，它的蓇葖果不一定是八个角。刚好在地上捡到一颗落果，和同行的伙伴一同发挥想象力，为它摆了不同的姿势，从不同的角度看，颇有意趣。

小花八角的果实比一般八角的果实来得小，由5至8个蓇葖果组成。

正面看，像个小童子。

侧面看，像不像光头小人？

其貌不扬的海滨木巴戟

多年前一趟南台湾垦丁之旅，让我与许多植物相遇，其中之一便是海滨木巴戟。当时同行的伙伴特别介绍它。它的生存环境大约是在南台湾及兰屿等海岸林，所以在北部是不容易看到它的。果实长得很奇怪，像一张外星人的脸，也有人觉得像恶性肿瘤。果熟时散发出一股乳臭味，味道不好闻，让人好奇是谁喜爱吃它。

海滨木巴戟广泛生长于东南亚地区，前些年台湾十分热衷引进"诺丽果"，作为养生食用，殊不知其实在台湾就有这"诺丽果"，它就是海滨木巴戟。

黄白色成熟的果实，像一张外星人的脸，散发着乳臭味。

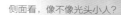

罗汉人——桃实百日青

　　罗汉松家族为裸子植物，家族的特征之一便是种实着生于肉质的种托上，整体造型看起来像是披着袈裟的僧侣，因而有罗汉松之名。家族成员中的桃实百日青（台湾罗汉松）分布于南投日月潭一带，每年的10至12月是结果期。由于种子的前端突起歪斜，像桃子的形状，而得"桃实"之名。随着种实的成熟，种托的颜色由绿变为黄，最后为红色，自然掉落于地面。

桃实百日青的种实看起来像是披着袈裟的僧侣。

桃实百日青的种托颜色多样，有黄、有橘、有红。

青桐机器人——梧桐

　　梧桐又称为青桐。据说台湾平溪地区的小镇菁桐，就是因为有许多的青桐树而得名。梧桐树的果实很特别，尚未开裂的果实，整体造型看起来像个机器战士。果皮开裂后，每片果瓣形成一个有弧度的船形，豌豆般大小的种子就长在边缘。

上图：梧桐初生的果实，看起来像是个机器战士。

左图：成熟后开裂的果瓣，从这个角度看，像是伸长耳朵的兔子。每片果瓣边缘都长有圆形的种子。

翅膀系列

阿里山千金榆

　　阿里山千金榆又叫川上氏鹅耳枥，是台湾特有种的植物，大约分布在台湾海拔800至2000米的山区。每个果实旁都加装有一片翅翼，两两相依在茎轴上，宛如一对对翅膀。

每颗果实旁，都有一片叶片状的苞片，宛如翅膀般。

上图：透光看黄叶与果实，成熟的果实即将远扬。
下图：秋季在落叶前，满树金黄的黄叶，闪闪动人。

近看果实。

黄杞的果序，生长在枝端。

黄杞

　　有时候人与大自然的相遇很特别。行走自然这么多年，不强求也不刻意去追寻，即使见过的植物，也一看再看，一拍再拍，同行的伙伴常说这不是拍过了吗，为什么要拍？有时候觉得这是不同地方的记录。

　　和黄杞相遇也是近几年的事，有趣的是一旦和它相遇了，这一天见到它的机会就变多了。第一次见到它是在松茂林道，高挂在枝端的果串，只能用远镜头拉近拍摄。而后到了日月潭，在步道中发现飘落的黄杞果实。不过由于它们都长在枝端，只能借由望远镜及地上的落果来仔细观察。

　　黄杞属于胡桃家族成员，拥有坚果，只是这个坚果体型小如种子，果实的外侧长有三裂片的膜质翅翼，一旦随风旋落，宛如优雅的舞者凌空而降。

果实成串聚集排列在一起。

果实周边的苞片，特化成三指状的膜质翅翼，载着果实飞翔。

枫杨

与黄杞同为胡桃家族一员的枫杨，是来自中国大陆的树木。台湾于1910年引进栽种，它喜爱潮湿的环境，大多栽植在池畔或湖边。在一些校园及都市绿地中，如台北植物园的荷花池旁就有一棵，较为方便观察。和黄杞一样，花谢后，苞片在果实周边延伸出两片狭长的翅膀。果实两两相对，依序排列在果轴上。这小果实拥有流线型的翅翼，更方便它滑翔。果序下垂很长，可达20至45厘米。

成熟后由绿色转为褐色。

果实具有两翅翼，两两相对排列。

掉落地面的果实。

龙脑香科植物

多年前曾有机会到婆罗洲的森林中观察，热带雨林中举目所见大多是龙脑香科的植物。每一棵都长得高大而笔直，动辄20至30米高，贯入云霄，难及其项背，仅能在地面上观察。而龙脑香家族的果实，拥有各类型不同形态的翅翼，有两翼，有五翼，甚至有像飞鸟的不规则状。在高耸入云的热带雨林中，这些羽翼并不适于运用风来传播，而是用于落地时种子的移动。有趣的是，龙脑香的拉丁学名 *Dipterocarp dipterocarpus*，意思就是拥有翅膀的种子（seed wings）。

在雨林之中亲眼见识这么多有趣的果实及种子，喜爱收藏果实种子的人，想必是疯狂地捡拾，打算带回台湾。对我而言，我还是期待让这些果实种子留在自己的国度，善尽它们的力量，更何况一些相关的规定，也禁止将境外的果实及种子带回台湾地区。因此和同行的几位伙伴一同运用这些果实、种子拼凑了喜、怒、哀、乐四张脸谱，完成后各自拍照留念，然后再将它们回归大自然。有时候拥有也是一种贪念与执着。若非为了学术上的研究，带回这些果实种子，除了收藏观赏之外，并没有特别用途。若没有小心保存，一旦种子散播出去，有时候不小心会造成本土生态的问题，许多强势的外来种便是因此而进入台湾的。我们只要就地观察及欣赏，以拍照或是绘画来代替实体的拥有，也是不错的方式。

从另一个角度看，这如同飞鸟的翅翼，中心有个空囊，据说这种造型还可让它往前推移。

拥有特殊翅翼造型的果实，如同一只飞鸟。

有翅果实的拼贴——怒。

有翅果实的拼贴——喜。

上图：拥有五片翅翼，如同键子般的果实。
下图：拥有两片翅翼的果实。

有翅果实的拼贴——乐。

流星锤系列

枫香流星锤

拥有四季风情的枫香，由于叶片似枫叶，树脂又有香味，因此而得名。它们分布在台湾中低海拔山区，是适应能力强的植物。早春开花后，流星锤般的果实便悬挂在枝梢之间。长长的果梗，连接着海胆状的果实，细小的种子隐藏在其中。一旦开裂，便可将种子摇散出来。每一颗细小的种子，均拥有翅翼。

这圆球状的果实是由蒴果组合而成的聚合果。

一个个圆刺球在阳光照射下，可爱动人。

每当看到这满地的枫香果实，就会令我想起动画片《龙猫》中的煤球精灵，只要一有人走近，便会一溜烟地不见踪影。

拥有四季风情的枫香，秋天是它最美的季节。

成熟开裂散出带有短翅翼的种子。

灯与杯系列

朝天杯——昂天莲

　　昂天莲是外来的植物，零星生长栽植于都市绿地。暗红色的花朵向下绽放，悬挂于枝条。结果时花茎翻转，果实朝上生长，因此有昂天莲之名。这一个个向上生长的果实，排列于枝条上，像是一个个特殊造型的杯子。蒴果成熟时，由绿转黑，开裂后，中心有白色的绒毛，像是蜘蛛张网一般。黑色的种子，便隐藏在这白色的绒毛之下。

暗红色的花朵向下绽放，悬挂于枝条。

果实朝上生长，像是一个特殊造型的杯子。

成熟开裂的黑色蒴果，中心有白色的绒毛，像是蜘蛛张网一般。

迎向天空的天灯——向天盏

　　向天盏（半枝莲）的果实，如同一盏盏朝天空伸展的天灯，因而得名。这个像天灯的部分是由花萼形成的，当花完成授粉凋谢之后，花萼便会闭合并且膨胀，如同一个灯罩，果实便在"天灯"之中孕育成长。果熟后，这个灯罩便会自然开裂掉落，剩下底座。这个宿存的底座，依序排列在茎条上，好似我们使用的挖耳器。因此同家族的印度黄芩，另有个别名就叫"耳挖草"，便是以这个造型来命名的。

黄芩属家族的成员都拥有这天灯状的灯罩，拉丁属名Scutellaria就是小碟的意思，指的是宿存的萼片似小碟状。

表面有颗粒状突起的坚果，由于实在太细小，常被误为是种子。散尽果实留下宿存的底座，如同挖耳器。

朝向天际排列有序的"天灯"。

成熟后转为褐色。

大自然的烛台——溲疏家族

　　台湾的溲疏家族共有三种：大叶溲疏、台湾溲疏、心基叶溲疏。除了心基叶溲疏是开粉红色的花之外，其余二者都是白花，也是较为常见的溲疏属植物。两者的差别在于大叶溲疏喜爱阳光，大多生长在开阔地或是向阳的坡地，叶片较为厚实而粗糙。台湾溲疏则大多生长在较为潮湿、有遮荫的林下，叶片单薄如纸。花瓣凋落后，留下直立向上的花柱，与果实形成一个烛台状。这残留的花柱会逐渐凋萎，向四方弯曲散开，果实也在此时开裂，散出细小的种子。

大叶溲疏纯白的花朵向下绽放，清新脱俗。

花瓣凋落剩下宿存的长长花柱，像是一盏盏烛台。

花柱逐渐凋萎。

成熟的果实开裂，散出细小的种子。

由上往下看，开裂的小孔，宛如一颗颗小星星。

炮弹系列

长在树上的炮弹——炮弹树

　　生长在热带环境中的炮弹树，硕大的果实悬吊在树干上，宛如一颗颗炮弹。在台中科博馆植物园温室中的这棵炮弹树，早期由于缺乏传播花粉的媒人，一直不见结果。后来科博馆人员以人工方式一一为其授粉，才得以见到这特别的炮弹果。据说东南亚地区的人们是把它们拿来食用的。

长在树上的炮弹果，茶褐色的果实直径可达15至20厘米，成熟时会散发臭味。炮弹树是高大的乔木，可高达18至20米。

花长得很特别，散发着香味。

利用掉落地面的花来观察。多数的雄蕊及雌蕊长在一个弯曲的圆盘上。雄蕊的花丝肉质状，像是海葵的触手，雌蕊则是在下层。

Chapter 3

果漾
自然——色彩篇

THE FABULOUS WORLD OF

WILD
FRUITS

缤纷斑斓的野果

　　除了绚丽的野花之外，许多果实也拥有缤纷多样的色彩，令人赏心悦目。然而这斑斓多彩的果实与种子，最主要的目的是为了吸引鸟兽的注意和取食，进而将种子散布出去。因此依靠鸟兽取食传播的果实，大多具有鲜艳的颜色。而利用风力或是水力等其他途径传播的果实及种子，便不耗费力气去装扮自己。植物的各部位之所以会有颜色，是因为内部组织含有色素的缘故。以花青素、胡萝卜素、茄红素、叶黄素为主，不同的果实，调配着这几种不同的色素，呈现出不同的色彩变化。

Purple
紫色果实

黑斑龙胆。

铜锤玉带草。

杜虹花。

瓜子金。

台湾酸脚杆。

茀芙木。

三角叶西番莲。

黑果薄柱草。

能高大山紫云英。

鸡屎树。

狗筋蔓。

川杜若。

台湾青荚叶

Green
绿色果实

蛇根草未开裂的果实。

未成熟的苦藏。

败酱。

毛束草。

高山乌头。

禺毛茛。

楮头红。

黄藤。

台湾安息香。

Orange
橙黄色果实

福木。

五桠果。

台湾海桐。

山苦瓜。

水麻。

乳茄。

毛柿。

露兜树。

玉山悬钩子。

071

浆果薹草。

蛇莓。

台湾藜芦。

峦大花楸。

红丝线。

玉山小檗。

玉山佛甲草。

虎杖。

吕宋荚蒾。

072

草海桐。

蔓九节。

异色线柱苣苔。

台湾排香。

高山白珠。

水晶兰。

水东哥。

Blue
蓝色果实

罗浮粗叶木。

流苏。

山菅兰。

沿阶草。

074

冷杉。

十大功劳。

Brown
褐色果实

秋枫。

刺毛猕猴桃。

龙眼。

台湾马醉木。

美人蕉。

鲫鱼胆。

玉山鹿蹄草。

果实调色盘

大自然的配色完全出乎我们的想象，有的是果实与花萼的色彩搭配，有的则是果皮与种子或假种皮配色，以多彩变幻的调色吸引鸟兽的注意。

果实与种子的配色

果实成熟后开裂，显露出其中的种子，果皮与种子的颜色相互搭配，格外显眼。

1. 台湾海桐刚开裂的橙黄色蒴果。
2. 种子外表附加了一层红色有黏液的假种皮。
3. 南蛇藤家族也拥有相同的配色。这是大叶南蛇藤。
4. 海桐家族的疏果海桐，分布于台湾中高海拔地区，有细长的果梗，果熟后开裂，露出鲜红色的种子。

黄红配
Red & Yellow

红黑配
Red & Black

1. 假苹婆橘红色的果皮搭配黑色的种子。
2. 野鸦椿有特殊造型的果实。这是尚未开裂的蓇葖果。
3. 红色的蓇葖果成熟后开裂，可见内藏的黑色种子。
   红与黑的搭配，亮眼夺目。
4. 生长在森林底层的山奈，由于花开在接近地面的地
   方，平时不易引起人的注意。果实成熟时，这鲜红
   色的外表，如同辣椒一般。中心如同珍珠粉圆的部
   分，是有着白色假种皮的种子。

花萼与果实的配色

有些花凋谢后，花萼仍陪伴着果实一起成长，并且在果熟之后，花萼的色彩衬托着果实，亮丽而显目。

红黑配

海州常山属的植物，叶片通常具有特殊的气味，花却是香的。花谢后，随着果实的成熟，花萼由绿转为红色，与蓝黑色的果实形成蓝黑与红的配色。

红黑配
Red & Black

1. 海州常山家族的龙船花果实与花萼为蓝黑与红的配色。
2. 海州常山花谢后，花萼转为红色，果实在花萼之内成长。
3. 逐渐成熟时，红色的花萼张开，露出蓝黑色的果实。
4. 海州常山家族的大青也拥有同样的配色。
5. 日本商陆的花萼及果梗是鲜红色，熟果为黑色。
6. 金莲木的花萼为鲜红色，果实为黑色。

果实彩妆秀

　　果实在成熟的过程中，由于不同色素的调配，而产生不同颜色的变化。在同一个花轴上，花依序绽放，果实也依序成熟，呈现斑斓的视觉效果。

杠板归（绿→紫→蓝→黑）

　　"扛着板子回家"的杠板归，果实被膨大肉质的花萼包覆住，这肉质的花萼由未熟到成熟，拥有多样的色彩变化。

绿色的花萼于花谢后闭合并且膨大成肉质状，果实在其中成长。

同时成长的全为蓝色。

不同时间的色彩变化，由绿白色转为淡紫色而蓝色。

东方
紫金牛 （绿→红→黑）

正在发育的绿色未熟果。

转变为红色小果。

最后为黑色。

红果逐渐长大，渐趋成熟。

桃金娘 （绿白→红→黑）

绿白色的未熟果。

变为红色。

最后是黑色。

九节 （绿→黄→红→黑）

未成熟的绿果。

转变为红色的样子。

同一果序上，可以见到历经不同阶段的彩色果实。

水茄 （绿→黄→红）

一段时间之后，增加了些色素，转为橙黄色。小朋友说这是南瓜，的确有些像南瓜。

若没有被吃掉，最后自然开裂，露出种子。

未成熟的水茄，果实表皮有些条纹，看起来像小西瓜。

成熟的果实转变为鲜红色，一看就知道是茄科的果实。由于全身上下布满了刺，所以水茄又叫作"刺茄"。

蛇葡萄

（绿→白→紫→蓝）

由绿先转白，再变为红。

最后变为蓝。

同一果序上缤纷多彩的果实。

接着转为紫。

Chapter 4

耐人寻味
的野果

THE FABULOUS WORLD OF

WILD
FRUITS

酸之果

吃是人的天性，远古时代人们过着狩猎采集的生活，大自然的野果也是我们采集取用的食物之一。即使是到了现代，人们仍然是爱吃水果的动物。饭后吃水果是许多人的饮食习惯，而这些水果也都是人类借由野生的族群培育而成的。

野生的品种大多较小、较酸涩，这是因为原本就是要给野生动物食用，果实的体型大小以取食动物可食的程度来"设计"。人类喜爱吃多汁而甜美的果实，许多原本娇小的果实，经由人类的培育变得硕大而甜美。例如野生的苹果只有樱桃一般大，完全不像现在吃的苹果那般硕大。

带领解说活动时，遇到最多的提问便是："可不可以吃？"我时常打趣着说："所有的东西都可以吃，只是有的一辈子只能吃一次。"我们在体验自然时，常常会运用不同的感官，味觉也是其中的一种，不过如果不确定是否有毒，不要随意取食。即使以味觉体验自然，也浅尝即止，尝个味道就好，还是留给鸟兽食用比较好。

以下介绍几种在大自然可食用的野果：

树梅——杨梅

杨梅又被称为"树梅"，在台湾桃园有一处地名叫"杨梅"，便是因早期当地有许多杨梅树的关系。杨梅在早春时开花，有"男生树"与"女生树"，只有开雌花的"女生树"会结果实。夏天是果实成熟的季节，一颗颗艳红色的果实，看起来像是糖果罐内的糖果，令人食指大动，捡拾落在地上的果实尝尝，吃起来酸甜可口。

杨梅初生的黄绿色果实。

成熟后变红色。

杨梅果实吃起来酸中带甜。

木莓为攀缘性的灌木，常攀挂在其他植物身上，成熟果实为紫黑色。

玉山悬钩子又叫高山悬钩子，匍匐于地面或边坡上。成熟果实为橘色。

黄泡匍匐于地面，由于萼片有刺而得名。

酸中带甜的悬钩子

　　每当在野外看到红澄澄的悬钩子果实，不禁食指大动，总要采几颗来尝尝。台湾悬钩子类的植物有43种，几乎每一种的果实都可以吃，大部分酸甜可口，有少部分吃起来没什么味道。悬钩子家族大部分在茎干上有棘刺，有的蜿蜒匍匐在地面，有的攀附在别人身上，有的则直立生长成小灌木，有单叶，也有复叶，形态多变。成熟的果实大多为红色、橙红色，少部分为黑色，吸引许多鸟兽取食。我们所说的覆盆子，也是一种悬钩子。有些人会采集悬钩子制成果酱，味道鲜美。

上图：悬钩子家族花的特色为较多的雄蕊，及较多离生心皮的雌蕊。每一个心皮发育为一个小核果，组合而成聚合果。
下图：桤叶悬钩子为羽状复叶的小灌木，常可见成片生长在边坡上。成熟果实为鲜红色。

刺毛猕猴桃

　　每当在野外看到刺毛猕猴桃时，那串串的果实高挂在树梢，都令人望果兴叹。看得到却吃不到，只能在树下四处找找，看看是否有掉落下来的落果。偶尔可以看见被吃了一半的，或是被摔裂开的，这时候便可以尝尝它的味道。若是够成熟的果实，吃起来酸甜可口，但若是尚未成熟的，便有一分酸涩不好入口。

　　刺毛猕猴桃又称为台湾羊桃，有人说是猕猴喜爱吃的果实，也有人说因为果实毛茸茸的，形同猕猴而得名。猕猴桃自古便为人们所栽培，明朝李时珍的《本草纲目》记载："其形如梨，其色如桃，而猕猴喜食，故有诸名。"它有许多的别名，例如藤梨、阳桃（羊桃）、木子、毛桃。日本称为"猕猴梨、中国猴梨"，美国称为"中国醋梨"，在新西兰则称为kiwi fruit（奇异果）。

　　现在我们由新西兰进口的奇异果，其实是从中国本土引进，经栽培改良而成的。公元1904年，新西兰人从中国带回猕猴桃的种子，由当地的园艺专家培植出新西兰的第一株奇异果树。由于和他们的kiwi（几维）鸟很像，因此取名为kiwi fruit，营销到世界各地，变成举世闻名的水果。

　　台湾原生的猕猴桃有5种，都是藤蔓植物，攀爬在其他植物的身上，往上争取阳光，其中以刺毛猕猴桃与奇异果最像。野生的猕猴桃果大小与奇异果相距甚远，但一样拥有丰富的维生素C，酸中带甜。有些人吃起来觉得很酸，但我个人觉得还好，也许因为每个人对酸的承受程度不同吧，再加上成熟度也是有差异的。

刺毛猕猴桃是台湾特有的植物。全身毛茸茸的，茎干及叶片都长满了密毛，新生的叶片及茎条为红色。

刺毛猕猴桃比奇异果小，但一样有黄褐色的绒毛。

台湾中海拔山区可见的异色猕猴桃，果实表面没有毛，具有褐色斑点，比刺毛猕猴桃小很多。

山梨猕猴桃，过去称为腺齿猕猴桃，为山区常见的猕猴桃果实。

台湾茶藨子

又被称作"醋栗"的台湾茶藨子，是高山上常见的野果。未成熟时像一颗小西瓜，随着时间的推移，逐渐转变为黄到红再到暗红。经由阳光的照射，更加显得晶莹剔透，闪闪动人。由于茎干上具有棘刺，有些登山客为了取食它，要付出被刺的代价。大自然的野果，除非必要，否则还是留给鸟兽食用吧。

台湾茶藨子的果实。

酸得够劲的余甘子

第一次见到余甘子是在印度旅游时，当地人称为"庵摩勒果"，名字是由佛经而来的。当时领队特别介绍了这种果实，据说吃下去会经历酸与甜两种滋味，推荐大家尝尝看。一听到"酸"，怕酸的人都不太敢尝试，我基于好奇心率先试试看。刚咬下去，便有一股酸劲满溢口中，酸得不得了，不过嚼碎之后，随之而来的却是一种酸甜的滋味，在口腔中逐渐回甘，十分特别，让我忍不住又多吃了几颗，并极力推荐身旁的伙伴一定要尝尝这特殊无比的滋味。

余甘子又称为庵摩勒果、油柑。

回到台湾之后，才发现原来台湾也有这种植物，只是名字叫"油柑"。原来台湾早期便已引进栽种，并作为经济作物。由于在口中会回甘，因此又名"余甘子""油柑子"。每年夏天是果实成熟的季节，民间除了拿来当零食吃，也制成冰糖葫芦来贩卖。

果实可以让人同时体验酸与甜两种滋味。

胡颓子家族

胡颓子家族的特色之一，是叶背银白或灰白色，由低到中海拔都有胡颓子家族的成员。它的果实外形像一根火腿，或是包着糖衣的糖果。果熟时，由绿色转为黄色或橘红色，吃起来酸酸甜甜的。

胡颓子的果实有宿存的花被，整体搭配起来就像是个糖果。成熟的果实为橘红色。

甜之果

台湾山桂花

虽然名为"山桂花"（俗名鲫鱼胆），却不是桂花，这是因为它带有锯齿状的叶片与桂花相似，再加上开花时也是在叶腋中布满白色的小花，状似桂花，因而得名。不过仔细看它的花朵，便可明确看出与桂花不同。叶片摸起来也较柔软，不似桂花叶那般厚硬，这是两者的区别。

在台湾的桂花未曾见过结果实，但台湾山桂花会结大量的果实，而且常常聚集簇生于枝条上。每年的秋冬季节是果实成熟的时候，带着淡褐色浅白的小果实，含有水分，并带有一点点甜度，堪称可口，有些人觉得吃起来像丰水梨的味道。但一颗小果实在是太小，对于人类这种哺乳动物而言，实在是不够塞牙缝。因此它们以量取胜，大量的果实吸引鸟类及野生动物停留，借由取食而将种子传播出去。

台湾山桂花广泛分布于中低海拔森林中，由于叶片形状似桂花，而有桂花之名，其实和桂花是不同的植物。

果实富含水分，有点甜度，堪称可口。

透过阳光看果实，晶莹剔透，闪闪动人。

日本山桂花和台湾山桂花是同家族的成员，两者的差异在于日本山桂花的叶片较厚，花冠筒较长。这是日本山桂花的果实。

水麻细长的叶片及灰白色的叶背是与荨麻家族成员相区别的特征。

水麻

　　喜爱生长在潮湿环境中的水麻，果实成熟时呈现黄澄澄的色泽，密集生长在枝条上，吸引着鸟儿穿梭取食。不仅鸟儿喜爱，连小麂、长鬃山羊等野生动物也喜欢吃。

上图：荨麻科家族成员的花十分细小不起眼，借风来传粉。这是雄花，拥有庞大的花粉量，早春盛开时，微风轻拂，宛如施放烟火。
下图：橙黄色的果实富含水分，甜美可口。

水麻的雌花，着生在枝干上，没有花瓣也没有花萼。

水东哥

　　生长在潮湿的森林或溪谷中的水东哥，是潮湿环境的指标性植物之一，也是猕猴桃家族的一员。它们全身毛茸茸的，布满了刚毛。每年春天茎干上开满了玲珑可爱的粉红色小花。花期很长，由春天延续至夏季，由夏季开始便有果实陆续成熟。

　　成熟的果实由绿转为纯白色，袖珍洁白的果实，吃起来带有一点黏稠性，甜度颇高，让人吃了一口还想再吃。每当看到水东哥开花，便开始期待它的果实。

生长在潮湿的森林或溪谷中的水东哥，是潮湿环境的指标性植物之一。

水东哥可爱的小花。

成熟的果实晶莹剔透。

鸡桑

　　鸡桑是我们常见的植物，叶片是蚕宝宝的食物，果实则是小朋友的零食。桑树的果实被称为"桑葚"。

阳光下仰望鸡桑的叶片，其中点缀着初生的果实。

鸡桑是雌雄异株的植物，只有雌株会结果实。这是雄花序。

即将成熟的果实，由绿转为红。这时候吃起来比较酸。

上图：鸡桑的雌花序。
下图：成熟的紫黑色果实，味道甜美。

构树

平时不显眼的构树，唯有结果期满树的红澄澄果实格外引人注目。看似一颗果实，其实是由众多长条状的浆果形成的，每个浆果内都含有种子。这鲜嫩多汁的果实，是众多鸟类及动物的最爱。不仅动物爱吃，人类也爱吃。

授粉后，果实开始孕育成长。

上图：构树的雌花序。长长的柱头是为了增加接收花粉的面积。
下图：叶片布满了密毛，过去是梅花鹿爱吃的食物，又被称作"鹿儿树"。雌雄异株，此为雄花序。

成熟后为橘红色的浆果，不仅鸟类爱吃，人类也忍不住食指大动，采摘来尝尝这野果的味道，甚至采集成堆制作果酱。

正在大快朵颐的赤腹松鼠。

高山白珠

　　喜爱爬山的登山客，必定认识它，也吃过它的果实。每年夏天，它们开着铃铛状的白色小花，玲珑有致，清丽动人。授粉之后，花萼逐渐将子房包覆，愈合而膨大。另外，同家族的白珠树有别于高山白珠树的纯白，白珠树的果实成熟时是黑色的，分布于中低海拔地区，也是好吃的野果。

白色的果实是由花萼愈合膨大而形成的，甜美多汁。

上图：高山白珠树是低矮的灌木，铃铛状的白色小花，清丽动人。
下图：白珠树是高山白珠树同家族的成员，整体形态比高山白珠树大很多。紫黑色成熟的果实，同样是味美的野果。

有些高山白珠的果实会呈现漂亮的粉红色。

长梗紫麻

生长在潮湿环境中的长梗紫麻，由于拥有紫色细长的叶柄而得名，广泛分布于台湾中低海拔地区。白色的果托上点缀着黑色的果实，宛如一颗颗饭粒，也有人觉得像日式御饭团，吃起来香甜可口。

长梗紫麻的果实密集生长于枝桠间。

一颗颗黑色的果实，着生在白色半透明的果托上，如同小型的日式御饭团。

毛柿

红澄澄的柿子，许多人很爱吃，但台湾也有野生的柿树，如毛柿、山红柿、软毛柿。其中毛柿大多分布于台湾南部的海岸及兰屿、绿岛、龟山岛等外岛地区。由于生活在海岸地区，毛柿的叶片深绿而有光泽，整棵树身披黄褐色的绒毛衣，果实密生着褐色毛，因此有毛柿之名。拉丁学名*Diospyros*，指的是天神宙斯享用的水果。毛茸茸的外表和人们印象中的柿子有些不同，果实成熟时由绿转为橙红色，熟透之后掉落地上。果香扑鼻，令人垂涎，果肉多汁而甜美。

全身毛茸茸的毛柿，大多分布于台湾南部的海岸地区。

橙红色的果实，香甜可口。

火炭母

　　火炭母的生命力十分强韧，由平地到高海拔都可以见到它的身影。由于叶面上的斑块如同被火文过身一般，因而有"火炭"之名。果实被膨大肉质的花被片包覆，呈现半透明的紫黑色，吃起来清甜可口。

完成授粉后，花被片愈合，孕育果实。

愈合的花被片逐渐膨大，成熟后呈现半透明的紫黑色，如同包覆着一层薄膜。

野牡丹

　　每年五月开始绽放，喜爱生长在阳光充足的边坡及开阔地。圆壶形的花萼筒外表有褐色的绒毛。子房与花萼合生，花谢后，果实便在圆壶形的花萼筒内成长。果熟后，迸裂露出紫红色的果肉及白色的种子。尝起来有点水分，稍有甜度。

初生的果实，外表被黄褐色的花萼筒包覆。

上图：成熟后自然开裂，内有紫红色的果肉及数量众多的白色种子。
左图：硕大美丽的花朵，盛放时颇为可观。

苦之果

　　未成熟的果实大多苦涩，有些甚至含有毒性，是期望鸟兽让果实成熟了之后再取食。

山苦瓜

　　山苦瓜与我们一般栽培的苦瓜稍有不同，体型较小，味道带有野性的苦涩，是台湾少数民族食用的野菜之一。一些山居的人家也会拿来食用，甚至到平原贩卖。苦瓜之所以会苦，是因为含有"苦瓜碱"的缘故。未成熟的青绿色苦瓜，是十分苦涩的。等到成熟之后，转变为橙黄色，苦涩之味便消失了。成熟后会开裂，露出带有鲜艳的红色假种皮的种子，吸引鸟类取食。

转为黄色的山苦瓜，渐趋成熟，苦涩之味也逐渐消失。

山苦瓜与我们一般吃的苦瓜体型大小差很多。

橘黄色的熟果会自行开裂，露出带有鲜艳的红色假种皮的种子，吸引鸟类取食。

秋枫

　　体型硕大的秋枫树，是乡野间常见的植物之一。秋枫树寿命长，又有浓密的绿荫，因此常被称为重阳木，是台湾乡野常见的树木。秋天结果时，累累的果实悬挂在枝头，常常吸引许多鸟类取食。由于生吃带有苦涩之味，人们大多腌渍后食用。

近看单一果实，很像一颗小丰水梨。生吃较苦涩。　　一颗果实内有六粒种子。

峦大花楸

在台湾雪山三六九山庄后的那一大片峦大花楸，是许多登山客秋天必赏的秋景。对于喜爱自然的我们来说，不太喜爱凑热闹，随遇而安，大自然要给我们看什么，就接受什么。不刻意去追求，有时候反而会得到更多意外的惊喜。

一次，我们的山行选择在冬季，已过了峦大花楸的红叶盛景，但在远方竟也看到嫣红一片，令人激动，走近之后才发现原来是峦大花楸红澄澄的果实。叶片掉光的峦大花楸，累累的红果生长在光秃的枝条上，十分醒目，形成了意外的盛况。我好奇地捡拾一颗来尝尝滋味，哇，真是苦涩。另一头却传来伙伴的声音：“不会呀，我觉得很好吃耶！有种蔓越莓的味道。”真神奇，为什么会有这么大的差异？仔细一看，原来他吃的是桦叶荚蒾的果实。

在阳光下，红澄澄的果实映衬着蓝天，亮眼夺目。吃起来有苦涩味。

三六九山庄后有一片嫣红的峦大花楸。

桦叶荚蒾也间杂其中。

叶片掉光的峦大花楸，只剩艳红果实，十分醒目。

咸之果

山中的盐巴——山盐青

没错，不要怀疑，真的有果实尝起来是咸的。那就是山盐青，学名为罗氏盐肤木。"罗氏"二字是由学名中的变种加词"*roxburghil*"而来，是为了纪念英国植物学家William Roxburgh的贡献。

山盐青是台湾山林中常见的植物，喜爱生长在有阳光的开阔地，秋天是开花的季节，黄白色圆锥状的花序，亮眼动人，也是很好的蜜源植物。橙红色的果实，表面覆盖着一层薄膜。放入口中，有淡淡的咸味，也是台湾少数民族常拿来烹饪调味用的植物。除了人们拿来作为盐巴的替代品，鸟儿也喜爱吃这带咸味的果实，常可见冠羽画眉（褐头凤鹛）、红头山雀等山鸟取食。

秋天是山盐青开花的季节，圆锥状的花序直立而生。

果实成熟后为红褐色。

花单性而雌雄异株，此为雄花。

果实外表有层具有盐分的薄膜，吃起来有淡淡的咸味。

秋冬季节，叶片在凋落之前，转为深红色，也是红叶植物之一。

辣之果

"辣"其实是一种痛觉，因为刺激而产生，并非味觉之一。有些果实含有辛辣之味，主要是为了避免被动物取食。

辣椒

说到辣的果实，大家马上联想到的就是我们常吃的蔬菜——辣椒。辣椒之所以辣，其实也是为了保护自己。鸟儿却不怕辣，照吃不误，难道鸟儿也爱辛辣口味的果实吗？其实，鸟类的味蕾不像人类这么发达，仅能分辨出几种味道，因此对于辣不太有感觉。红澄澄的辣椒果实十分可爱，也有人将其作观赏用，因而有观赏辣椒的产生。

辣椒是茄科家族的一员，白色的花朵向下绽放。

鲜红的椒果，具有刺激性。依种类的不同，辣度稍有差异。

花椒

花椒原产于中国本土，吃起来不同于辣椒的"辣"，而是辣到发麻的感觉。

我曾到四川教授环境教育课程，在当地进行观察时，发现附近农家栽植的花椒正值结果期。为了尝尝花椒的滋味，一人一口地嚼了它。哇，这还真不是普通的辣！简直就是让人嘴巴发麻。麻到快要没有知觉的感觉，而且麻的时间持续颇久。真难想象为什么会有人喜欢吃它。

当地人的口味重，每道饭菜必定有辣椒，而且是运用不同种类的辣椒来做菜。辛辣的部位不同，有的是果皮，有的是种子。让我们这些外来客只能挑拣不太辣的吃，并要花一些时间适应。

上图：辣到令人头皮发麻的花椒。(李两传摄)
下图：成熟的红果。(李两传摄)

呛辣口味——铜锤玉带草

　　铜锤玉带草在台湾又叫普剌特草，这是由拉丁学名*Pratia*音译而来，民间称为"老鼠拖秤锤"。它匍匐于地面生长，开细小的可爱花朵。紫红色的熟果铺织于地面，十分亮眼。果实内含有水分，刚入口没有什么特别的感觉，只觉得多汁，嚼到后头，一股呛辣的滋味便弥漫在口腔中，很特别。

袖珍可爱的花朵。

果实由绿逐渐转为红色。

上图：紫红色的果实吃起来有股呛辣味。
下图：匍匐于地面的铜锤玉带草，紫红色的果实耀眼动人。

虫虫的果实大餐

各类果实蕴藏着丰富的养分，也是昆虫取食的大餐之一。

吸食台湾栾树种子汁液的小红缘蝽。

正在啃食鸡屎树果实的暗点灯蛾幼虫。

吸食莲雾大餐的蝴蝶。

蜂类也来凑一脚。

106

吸食台湾海桐汁液的蝽。

蚂蚁正在吃野牡丹水果大餐。

Chapter 5

"毒"你千遍也不厌倦

THE FABULOUS WORLD OF

WILD FRUITS

我很毒

植物是地球上唯一能自行制造养分的生物，也是许多生物赖以为生的食物。面对众多的掠食者，为了保护自己，植物也有许多保护机制，其中一项便是产生化学成分，形成毒素来保护自己。

所谓的有毒植物，通常是指经由接触、饮食或其他方式，对人或动物造成身体损伤的植物。虽然这些"毒"有时候会造成人体的伤害，甚至致命，但经由提炼并与其他成分结合，却可以变成救命的良药，因此许多毒草同时也具有医疗的功效。如同"水能载舟，亦能覆舟"一般，毒与药有时是一体的两面。经常听闻民众自行采食药草而造成中毒的憾事发生，其实一味药必须搭配许多配方才能发挥药效，并不是我们想的这么简单。

那么我们究竟如何分辨有毒植物呢？其实目前没有一个很明确的标准来界定它。例如同样是白色乳汁，夹竹桃家族的有毒，榕树家族的就没有毒；有时候这个"毒"具有专一性，对于人类有毒，对于鸟兽就无伤。我们若能对有毒植物有所了解，留意小心辨识，便不会受到伤害。

通常造成人类中毒的途径有两种：一是经由接触，一是食用。接触性的毒通常是因植物身上的刺毛或产生的汁液具有毒性，一旦触碰便会产生红肿发痒的过敏现象。例如咬人猫（咬人荨麻）叶面上的腺毛，内含有毒的蚁酸，被刺伤之后会造成皮肤红肿及痛痒。漆树的汁液含有酚类的毒性，皮肤接触后也会发痒难耐。

大花曼陀罗具有很强的生物碱，常有民众误以为是百合花，因而误食导致中毒。

借由取食而中毒的植物，大多内含生物碱等有毒物质，致使人或动物取食之后产生昏眩、腹泻、呕吐等中毒现象。有的则是因为食用之后与人体内其他物质相结合，产生有毒化合物而导致中毒。例如酢浆草含有草酸，人类取食后和体内的钙结合形成草酸钙，草酸钙就是形成结石的来源。又如常有民众误以为大花曼陀罗是百合花，因此误食而导致中毒。曼陀罗具有神经性毒素，《本草纲目》形容食用曼陀罗后的状态："相传此花酿酒饮，引人笑，令人舞。"

通常，接触性的毒不会立即危及生命，但若不小心误食有毒植物，严重时则会致命。由于植物的根、茎、叶、花、果各部位含有不同性质或程度的毒素，不同的植物使用的化学武器也不同，因此视其毒性的深浅，对于取食者会产生不同程度的中毒现象。由于没有明确的标准去界定有毒植物，有时候对于人类有害，对于鸟兽却无碍。因此在野外若不确定是认识并且可以食用的植物，千万不要随意取食，以避免中毒。若在食用的过程当中，发现过于刺激或是有麻辣的感觉，一定要尽快吐出，避免再食。一般而言，每当吃到不干净的东西时，通常我们的身体会产生呕吐或拉肚子等反应，这些都是我们的生存机制，要把具有毒性的物体排出体外。因此，通常轻微的中毒现象都会有腹泻、呕吐、头昏等症状发生，一旦不小心误食或接触到有毒的植物，务必赶快就医。

曾经看过一则新闻报道，记者以十分惊异的口吻来报道台湾公园出现了有毒植物，好像在台湾公园之内不该出现有毒植物，殊不知在我们生活周遭处处充满着有毒的物质。许多大家熟悉的观赏性植物也都具有毒性，例如夹竹桃、软枝黄蝉、海芋、绿萝。只要听说有毒，人们常常会产生不必要地惊恐，无论是毒蛇、毒草、毒虫，必定要除之而后快，但这些都是因为不了解而产生的恐惧感所造成的非理性行为。对于有毒的生物而言，"毒"是它们保护自己的最佳武器，若不侵犯它们，威胁它们的生存，我们彼此之间是可以和平共存的。

有毒植物也是这样，只要我们多加辨识，不随意采摘及取食，也就不会受到任何伤害了。

咬人猫的叶面上长着许多腺毛，会分泌蚁酸。人类一旦接触到腺毛，往往会引起皮肤红肿及痛痒。

桑科榕属的植物，也都具有白色乳汁，但这乳汁对于人类是无害的。

酢浆草本身含有草酸，人类食用后会与体内的钙结合形成草酸钙。草酸钙是引发结石的来源。

毛地黄是毒草，同时也是可救命的药草。全株有毒，其中含有强心苷的成分，可制成强心剂。

上图：长得像百合的朱顶红，地下鳞茎具有毒性，应避免误食。

下图：软枝黄蝉是夹竹桃家族的植物，大多拥有白色的有毒乳汁。要避免接触及食用。

毒之世家

植物之中，有些家族是用毒的高手，几乎每个成员都懂得用毒。当我们遇到这些家族的成员时，要多加留意辨识，以避免中毒。

夹竹桃家族

夹竹桃家族可说是植物界的用毒高手，全株各个部位都具有毒性。家族成员的共同特征是具有白色的乳汁，不小心接触到白色乳汁会引起过敏反应。若见到具有白色乳汁的植物，要小心留意辨别是否为夹竹桃家族的成员。它们体内具有强心苷的剧毒，对于心脏同时具有正面及负面的影响。曾有人以夹竹桃的枝条做成的筷子夹食物，导致中毒；甚至以夹竹桃花粉酿制而成的蜜汁也具有毒性。因此，若遇到夹竹桃家族的成员，只要欣赏就好，不要随意侵犯它们。

夹竹桃家族的成员，有许多是广泛栽种于都市绿地的观赏植物，例如夹竹桃、软枝黄蝉、小花黄蝉、长春花（日日春）、缅栀（鸡蛋花）、马利筋，几乎个个都是全株具有毒性。

开红花的夹竹桃，广泛栽植于"国道"及高速公路旁，盛开时红花绽放于枝端。茎干像竹子，花像桃花，因而得名。燃烧枝干产生的烟雾，也具有毒性。

上图：沙漠玫瑰有亮丽的花朵，但具有毒性，尤其以乳汁的毒性较强。

下图：长春花又名日日春，也是夹竹桃科的一员。

狗牙花。

漆树家族

漆树家族的毒多半存在于汁液上，是含有酚类的化合物，一旦触碰了，常会造成过敏，发痒难耐。

大叶肉托果的外形和芒果很像，汁液可当作漆料或是黑色染料，不小心接触到会造成皮肤红肿、发热、发痒，误食则会有呕吐、腹泻等症状。

台湾藤漆是攀缘性的藤本植物，生长在台湾中高海拔山区，触碰到汁液会造成皮肤红肿发痒。

野漆广泛分布于台湾中低海拔山区，种子含油脂及蜡质，所以又称为"木蜡树"。汁液具有毒性，对皮肤具有强烈刺激性，接触到会红肿及发痒。叶子在秋冬季节会转为艳红色，也是著名的红叶植物之一。

台湾藤漆的果实有毛。

野漆的果实是许多鸟类喜爱的野果。

茄科家族

茄科家族具有生物碱，根据含量的多少，被人类拿来食用或是药用，例如马铃薯、茄子、西红柿、枸杞、辣椒都是茄科家族的成员。

大花曼陀罗全株有毒，其中以花及种子毒性最强。

夜晚散发着浓郁香气的夜香树，是来自于西印度的观赏植物，但茎叶及花有毒，绝对不能取食。

外来的玛瑙珠广泛见于台湾低海拔地区。自从引进之后，已在台湾的原野驯化，各地都可见到它们的身影。珠圆玉润的果实，由绿转为黄色，十分讨喜，像一颗颗小西红柿，但是具有毒性，不可取食。

野地常见的龙葵，成熟的果实呈现紫黑色，并带有光泽，因而台湾民间又称之为"黑柑仔"，也是过去农家小孩的野食。不过未成熟的绿色果实具有毒性，不可取食。

来自于巴西的玉珊瑚，和玛瑙珠有些神似，但果实及叶片都比玛瑙珠大，大多生长在中海拔地区。一年四季都可开花结果。成熟的橘红色果实具有毒性，不可随意采食。

天南星家族

　　天南星家族的成员，汁液及茎叶都具有毒性，应避免皮肤接触及取食。许多观叶植物都是天南星家族的成员，例如绿萝、花叶万年青、彩叶芋等。

花叶万年青由于叶片常绿，许多人喜欢栽植于室内作为观赏之用。全株具有毒性，以茎干的毒性最强，应避免皮肤接触到汁液及取食。

洁白高雅的马蹄莲，是许多人喜爱的花卉，其实它也是天南星家族的一员，块茎以及花序都是有毒的部位，切记只能欣赏不能吃。

上图：有着大型叶片的龟背竹，叶面上有大小不一的长圆形洞孔，像龟背一般，茎叶及汁液有毒。
下图：绿意盎然的合果芋，耐荫性很好，可在室内长期摆放。但其汁液有毒，要小心避免接触及误食。

天南星有奇特的叶子排列方式，佛焰苞则像蛇吐信一般。看到天南星家族特有的佛焰苞花序时，便要小心留意，避免接触汁液及取食。

大戟科家族

大戟科和夹竹桃一样具有含毒的乳汁，观赏类的圣诞红、麒麟花、变叶木都是有毒植物。

不同叶形的变叶木，广泛栽植于都市绿地及校园。汁液有毒。

艳丽的圣诞红有喜气洋洋的感觉，许多人居家时都喜欢栽植。全株具有毒性。

麒麟花全身长满了尖刺，茎叶富含乳汁，鲜明的色彩在提醒我们，要和它保持距离。

台湾大戟的鲜黄色花序，搭配着翠绿的叶片，亮眼动人。全株有毒，要小心避免触碰汁液及误食。

毒果与毒籽

植物在不同的部位具有毒性，对它们来说有生存保卫的意义。以下介绍有毒的果实与种子。大家在野外时要仔细观察及辨识，不要随意食用。

平地及都市绿地的毒果与毒籽

◎海杧果

生活在海岸地区的海杧果，由于果实长得像杧果而得名，也时常听闻有人因误食而中毒的事件发生。身为夹竹桃家族的一员，海杧果全株都具有毒性，尤其是果实、果仁毒性更强，半个果实便可致命，因此要小心留意。它们生长在海边，果皮纤维化，可借由洋流传播种子。

鲜黄色的花朵，向下垂放，总是半掩着不完全开放。

◎黄花夹竹桃

原产地为热带美洲，台湾引入作为观赏之用，多栽植于校园庭院中。全株具有剧毒，尤其是果实、种子毒性更强。一粒果实就可使成人致死。全年开花，黄色漏斗状的花朵下垂绽放，狭长形的叶片丛生，肉质核果为三角锥状。

每个果实内含种子一枚，造型奇特。

身为夹竹桃家族的一员，海杧果有剧毒，尤其是果实。

果实呈立体的三角锥状，类似桃子。成熟时为黑色，有剧毒，比夹竹桃的毒性还强。

◎苏铁

苏铁就是我们俗称的铁树。男女有别的苏铁是古老的裸子植物，唯有雌株才能结出种子。全世界大约有30种，分布于亚洲、大洋洲、太平洋岛屿、非洲东部、马达加斯加岛的热带及亚热带地区。它的种子具有毒性。关岛当地人有一种"全身性肌肉萎缩症"，病因来自于苏铁。由于当地人以狐蝠为食，而狐蝠以苏铁的种子为食物，因此苏铁种子内所含的毒素，通过狐蝠进入人体，当食用累积到一定的量便会中毒，造成病变。

苏铁橙红色的种子具有毒性，不可误食。

苏铁是古老的冰河子遗植物，俗称铁树。又因叶片如同凤凰的尾巴，而有"凤尾蕉"的别名。

◎马缨丹

早在公元1685年，它就由荷兰人引入台湾作为观赏之用。它花色变化多，再加上含蜜量大，因此是许多校园及庭园广为栽植的蜜源植物。其实马缨丹是有毒的植物，不仅对人类及动物有毒，甚至对其他植物也具有毒性。它会分泌毒素，抑制其他植物的生长，因此马缨丹花丛下很少有植物生长。全株具有特殊的气味，茎叶及果实都具有毒性。成熟果实为紫黑色，鸟类可以啄食，但人类及动物吃了，会造成慢性中毒。接触其汁液，也可能引起过敏。

上图：茎干果实及汁液都具有毒性，小心不要接触到汁液，也不要误食。
下图：花色变化多样的马缨丹，高脚杯状的花冠，蕴藏丰美的蜜汁，被广泛栽植为蜜源植物。

119

◎假连翘

蓝紫色小花排列成下垂的总状花序，随风摇曳，甚是可爱。长筒状的花冠蕴含丰美的蜜汁，吸引许多昆虫取食，因而常被栽植作为蜜源植物及绿篱。黄澄澄的果串，悬挂枝梢，非常美观。

常被作为绿篱的假连翘，蓝紫色的小花悬挂于枝端，摇曳生姿。长筒状的花冠内含许多甜美的蜜液，是蜜源植物之一。

黄澄澄的果实甚为美观，也是鸟儿的佳肴。但对于人类而言是有毒的果实，不可随意摘食。

◎凤凰木

每当火红的凤凰木花绽放时，便让人联想起骊歌轻唱的毕业季节。来自热带地区的它，喜爱阳光，在温度愈高、日照愈强的地方，花开得愈漂亮。长长的弯刀状的果荚，是许多小朋友"骑马打仗"的武器。虽然如此美丽，但花及种子都具有毒性。

喜爱阳光的凤凰木，在愈温暖的地方开得愈艳丽。

凤凰木长长的果荚，其中具有许多间隔，每个间隔含有一粒种子，种子具有毒性。

◎紫藤

　　每年春天开出淡紫色花朵的紫藤，布满棚架，甚为美观。毛茸茸的可爱豆荚悬挂于棚架，虽然美观，但种子对于人类而言具有毒性，因此只能欣赏，不能吃喔！

毛茸茸豆荚里的种子具有毒性。

布满棚架的紫藤，散发着香味，吸引许多蜜蜂前来采蜜。

◎海红豆

　　虽是引人相思的相思豆，但也具有毒性。它原产于印度、马来西亚及爪哇，台湾于19世纪引入栽植，南部的结果率较高。台北植物园及台湾大学校园均有栽植。全株有毒，以种子的毒性最强。

海红豆有光泽的红色种子，具有毒性。

海红豆以台湾南部的结果率较高。

果荚以螺旋状反转的扭力将种子弹射出去。

山区的毒果与毒籽

◎蓖麻

原产于东北非到中东一带的蓖麻，栽植的历史悠久。早期人们运用蓖麻子来榨油，作为灯油或是机械的润滑剂。荷兰人将蓖麻引进台湾，曾广泛栽植，现今已散布于全台湾各地的山野。蓖麻也是有名的毒家，以种子的毒性最强，含有蓖麻毒蛋白，能够抑制蛋白质的合成过程，进而对人体产生伤害。据说只要一点点的剂量便可杀人，是毒性最强的毒素之一，过去曾有人将其作为化学武器来毒害敌方。

蓖麻早期被引进栽植作为榨油原料，现今分布于山野及河床地。以种子的毒性最强。

◎台湾马桑

生长在台湾中高海拔山区的台湾马桑，是有名的用毒高手。全株具有毒性，尤其是根部及种子毒性最强，有"台湾毒空木"之称。以前的雾社事件里，台湾少数民族捍卫家园，最后选择以结束生命的方式来抗议日本人的统治，据说当时有些人便是以吞下台湾马桑的果实来自杀。

台湾马桑生长在台湾中高海拔山区。全株具有毒性，以根部及种子的毒性最强。

果实成熟后，由红转为黑。

◎巴豆

巴豆是有名的泻药，产于巴蜀地区，形如大豆，因而名为巴豆。巴豆单独使用时是猛烈的泻药，以巴豆最能泻人而为大毒。其中以种子的毒性最强。

巴豆单独使用时是猛烈的泻药。

巴豆以种子的毒性最强。

◎银叶巴豆

由于叶背呈现银白色，因而名为银叶巴豆。分布于台湾中南部低海拔山区和海岸礁岩地带。果实为一个立体的球状，成熟后果实会迸裂，散出种子。根部与种子有毒，倘若误食，会引起呕吐。

由于叶背为灰白色，因而名为"银叶巴豆"。

银叶巴豆分布于台湾中南部山区和海岸礁岩地带。

立体球状的果实，成熟后会自然迸裂，种子具有毒性。

◎油桐

　　五月雪油桐，早期出于经济用途而引入台湾，运用其种子榨油。现今，手工榨油已被工业取代。可供榨油的油桐种子，含有毒蛋白及皂素，具有毒性。

果皮具有褶皱，因此油桐又名"皱桐"，每个果实中含有三粒黑色的种子。过去，人们用它的种子榨油。

◎毒瓜

　　圆滚滚的毒瓜，悬吊在藤蔓的茎条上，两两相依，十分讨喜。未成熟的果实表面有白色的条纹，如同小西瓜，小巧可爱。随着时间的推移，果色由绿逐渐变黄，最后成为红色。鲜红色的小瓜，醒目耀眼，但对于人类而言，鲜红色为警戒色，具有毒性，不可随意采来吃。

毒瓜常常两两一同生长在藤蔓上。果皮外表有白色的纹路。有毒的部位是果实。

◎苦楝

　　生命力强盛的苦楝，广泛分布于向阳之地，以成熟的果实毒性最大，具有苦楝素，药书中列为小毒，取食过量会中毒。将其提炼制成驱虫剂，可防治虫害。

秋天黄澄澄的果实值得观赏，但具有毒性。

◎蛇葡萄

　　果实拥有多彩变化的蛇葡萄，由绿而白，转为紫而蓝，最后是黑色。果实的外表具有斑点，看起来像小型葡萄，不过具有毒性，绝对不能吃。

果实随成熟度而呈现不同色彩，状似葡萄。

◎海芋

生长在森林底层的海芋，用具光泽的鲜红色种子来吸引鸟类的取食，以达到传递种子的目的。可不要以为鸟儿可以吃，人就可以吃喔！这些鲜红色的果实被鸟吃了没事，但对于人类而言具有毒性。其中以根茎的毒性最强，果实次之。

海芋大多生长在森林底层，具有宽大的叶片。

鲜艳欲滴的果实带有毒性。

◎日本商陆

商陆花秀丽典雅，成熟后的果实是紫黑色的浆果。全株具有毒性，不能取食。在台湾可见的商陆有两种：一是台湾原生的日本商陆，花序直立生长；一是外来种的洋商陆，花序下垂。两者都是有毒的植物，不可随意取食。

商陆家族是用毒高手，全株具有毒性，以根部及果实的毒性最强。

日本商陆的直立花序。

◎相思子

　　红黑分明的种子，晶亮圆润，让人忍不住想要收藏。喜爱手工艺的人，常搜集它们作为创作的材料，制成饰品。不过相思子惹人怜爱的"珠子"，也就是它的种子，含有一种相思子毒素的毒蛋白，有很强的毒性，严重时可致命，绝对不能吃。制作时也必须十分小心，曾有人在为种子穿孔时，不小心刺伤手而中毒死亡。

◎台湾相思

　　广泛分布于台湾低海拔地区，早期它的木材可作为矿坑的木材或炭薪的材料。

相思子粉红色蝶形的花，甚是美观。

金黄色的花朵绽满枝桠间，为山林增添缤纷的色彩。

相思子羽状的复叶。种子具有很强的毒性。

长条形的豆荚内含有较多的种子，结出的果实数量极多。

◎山菅兰

山郊原野十分常见的山菅兰，虽有兰花之名，但并非兰花。向下开放的蓝色花朵，清丽可人。果实成熟后是蓝紫色的小苹果，富有光泽。这形如苹果的小果实，是具有毒性的，早期人们用它来毒老鼠。

山郊原野十分常见的山菅兰，又名桔梗兰。

造型可爱的山菅兰，早期民众用它来毒老鼠。

◎了哥王

了哥王有个有趣的俗名"贼仔腰带"。过去，小偷用它的茎皮制成腰带，万一不小心被捕而遭到村民殴打时，便以这个腰带来疗伤。它喜爱生长在干燥而有阳光的环境，海滨及低海拔山区均可见。鲜红色的果实具有毒性。

成熟后的果实为鲜红色，有毒。

了哥王鲜黄色的花朵。

果实种子
竞技场

THE FABULOUS WORLD OF

WILD
FRUITS

水上漂

植物一旦在一个地方生根发芽，便是一生一世，唯有在果实、种子的阶段，可以离开生长的地方。不同于人类将新生儿带在身旁，细心呵护、无微不至地照顾，植物母亲一开始便将自己的孩子推送出去，而且愈远愈好，要它们早早学会独立，自力更生，自立门户。倘若成百上千的种子都在母亲的荫庇之下生长，不仅得不到阳光，还容易被一些以植物为食的生物侵袭，稚嫩的小苗势必被饱食一餐而遭到吞噬。另外，同在一处的资源有限，倘若成百上千的种子都聚集在此处一起发芽，势必会上演激烈的兄弟阋墙之战，甚至全军覆没。因此，分散出去才有希望，爱它就是要让它远行。

一粒种子是植物生命的起点，也是开疆拓土的希望。果实、种子一旦孕育出来，便注定了远行的宿命。它们带着母亲的祝福，前往广大的天地探索。为此，果实、种子无不使出浑身解数在自己的身上下功夫，有的加装各式飞行器，有的乘坐充气舟艇，有的搭动物的便车，有的则是以自身的力量奋力弹跳，借此远离母亲的生存环境，离得愈远愈好。无论运用哪种方式，在落地生根发芽之前，都是一场探寻新天地的生存竞技赛。

依水而生，生活在河岸、溪流或是海边的果实，各自施展技能，练就了一身水上漂的绝顶轻功，保护着种子，随着水流漂行到新天地，开疆辟土。要练就这轻功，首先必须体态轻盈，将果皮纤维木质化，甚至在其中形成气室，宛如充气的舟艇，种子便在这气室内受到保护。接着必须能防水，因此在果皮或是种子外表擦了蜡油，加附防水层保护，避免受到水的侵扰。果实化身为航行的小舟，承载着种子脱离母亲，漂浮而行。漂流的过程中与海浪搏斗，时而被海浪卷没，时而翻覆，时而漂行。如果运气好遇上了潮流，便能借此漂流到异国，开拓新天地。

银叶树的果实内形成一个空的气室，保护其中的种子。

银叶树圆圆胖胖的果实像一个小菜包。

银叶树

银叶树是台湾原生的植物，生活在海滨地区。小巧可爱的果实，有人觉得像菜包，有人觉得像水饺，果然"民以食为天"，想象及形容的都和吃有关。但无论是菜包或是水饺，那圆圆胖胖、袖珍可爱的模样都惹人怜爱。其实，长成这样是有特殊用途的。果实成熟后，果皮纤维木质化，并形成一个气室，让种子包覆在气囊中，形成一个可漂浮的摇篮船。据说果实上的龙骨构造，有助于漂流时稳定航向，真是巧妙无比的设计。

银叶树的叶背是银白色的，因此得名。

银叶树的花十分细小。

莲叶桐

莲叶桐目前仅分布于台湾恒春海岸与兰屿的海岸林中，数量稀少。圆盾状的叶子和莲花叶相似，因而得名。由于生长在海滨地区，它的叶片厚而叶面上具有蜡质，以减少水分散失，又名为"蜡树"。果实外附有黄白色肉质化的苞片，将果实包覆于其中，可借此浮于水面；内外果皮木质纤维化，质地轻，也耐海水浸泡，能漂浮远行。

上图：莲叶桐是海漂林的代表物种之一。果实生长在树冠层的枝端，外覆有一层肉质的苞片，像一个小水缸，可漂浮于水面。
下图：莲叶桐的果实及肉质苞片。

棋盘脚

　　棋盘脚（滨玉蕊）及穗花棋盘脚（玉蕊）两兄弟，分别在台湾一南一北。大哥棋盘脚拥有壮硕的身材，弟弟穗花棋盘脚小而精悍，各自都拥有水上轻功，化身为航行的小舟，分别在台湾南北两端海域落脚。

上图：穗花棋盘脚可说是小一号的棋盘脚，大多生长在台湾北部，如基隆、宜兰沿海一带。
左图：棋盘脚硕大的果实呈现四角锥的立体形态，如同棋盘的桌脚，因而得名。果实外表光滑含有蜡质，具有防水的功能。纤维化的果皮则让它可以轻易地漂浮于水上，随波逐流到合适之地。

露兜树

　　露兜树生长在海滨及沿海地区的山坡地，常常成片大群落生长，形成一道围墙，宛如绿色长城，是良好的防风林。橘黄色的熟果，看起来像是菠萝面包一般，因而有"野菠萝""山菠萝"的俗称。果实是由整个花序发育而形成的聚合果，核果成熟时会一个个掉落，每颗核果质地轻，果肉纤维化，可抵挡海水的入侵，漂浮于水面。常可在海岸地区捡拾到由别处漂流而来的果实。

核果一颗颗掉落。

露兜树在滨海地区常常成片大群落生长，形成一道围墙，是良好的防风林。

同家族的红刺露兜树，来自于马达加斯加岛。聚合果悬吊在枝条间，由数百个核果构成。

橙黄色的熟果是由整个花序发育而形成的聚合果。
由于果肉纤维化，质地轻，可漂浮于水面。

厚藤

厚藤紫红色艳丽的花朵，盛开时为海滩铺就一张花地毯，让它赢得"海滨花后"之称。叶片的形态宛如马鞍的造型，因此又名马鞍藤。厚厚的叶片及茎条上节节生根，都是它适应海滨环境的生存绝招。圆球形的蒴果，成熟后自然开裂为四瓣，内含4颗黑褐色的种子。果实质轻，可漂浮于海上顺着潮水扩张族群。

未成熟的圆形蒴果。

上图：成熟后自然开裂，内含4颗黑褐色的种子。
下图：厚藤紫红色艳丽的花朵，让它赢得"海滨花后"的美誉。

榄仁树与小叶榄仁

榄仁树是分布于亚洲及大洋洲的海滨植物，在台湾生长于南部及离岛地区海滨，也广泛栽植于庭园、校园或作为行道树。稍微扁平的椭圆形果实，两侧具有龙骨状的突起，模样和橄榄的种子很像，因而得名。果实的外表光滑，具有蜡质，可防止海水渗入，纤维化的果皮不仅能保护种子，也借此随着海流潮水四处传播。

榄仁树的叶形硕大，聚集生长在枝条前端。

扁圆形的果实具有纤维化的果皮，可漂浮于水面。

小叶榄仁的果实较小，状似橄榄。

盒果藤

多年前，到台湾南部看候鸟，在海边的沙地上发现了这特别的果实，乍看像一朵干燥的花，仔细看原来已是果实的形态。盒果藤与牵牛花是亲戚，同样开着喇叭状的花朵。花谢后，花萼会闭合，让果实在其中孕育，并且随着果实一起成长而膨大。果实长成后，花萼便会一一张开，露出略呈方形的半透明果实，其中蕴藏着4粒黑色的种子。这个开合的过程，如同俄罗斯套娃一般，一层套着一层，给人期待与惊喜。而气囊般的果实，就如同充气的橡皮艇，一旦落水便可载着种子航行，寻访新天地。

上图：盒果藤与牵牛花是亲戚，花同样呈喇叭状。
下图：生长在台湾中南部海边沙地上的盒果藤。

成熟后的果实膨胀成一个气室，种子蕴藏其中，宛如一朵干燥的花。

文殊兰

　　生活在海滨地区的文殊兰，由于具有美丽的花朵，被当作景观植物，广泛栽植于都市公园中。厚厚的叶片是为了抵挡海滨的环境。纯白色的花朵搭配着白中带紫红的纤细花丝，典雅明亮。文殊兰具有特殊的繁殖方式，花谢后，果实于花茎的顶端孕育成长，日渐增重，使花茎倒下，成熟的果实此时开裂，滚散出大小不一的灰白色种子，如同自己散播了种子一般。这灰白色的种子内部具有海绵组织，一旦遇到涨潮的海水，能漂浮于水面，随着潮流远行。

生活在海滨地区的文殊兰，由于具有美丽的花朵，被当作景观植物。

上图：未成熟的果实长在花茎的顶端。
下图：果实日益增重，使花茎不堪负荷而倒下，滚散出大小不一的灰白色种子。

另一种外来的水鬼蕉与文殊兰十分相似，容易混淆。细看花心，便可发现它们的不同。水鬼蕉的花被片彼此嵌合，文殊兰则是分裂开的6枚花被片。

文殊兰的花。

水黄皮

　　水黄皮叶片的样子和黄皮长得很像，又生活在水边，因此被称为水黄皮。虽然是生活在水滨海边的植物，但也广泛栽种于校园及都市公园中。想要造访它，只要到住处周遭的都市绿地便可。秋天是开花的季节，淡紫色的蝶形花朵丛聚簇生于叶腋，落花常为大地织就一片紫色地毯，十分美丽。豆荚状的果实悬挂在枝端，果熟时由绿转为土黄色，原本扁平的荚果也逐渐鼓胀，形成一个气室，承载一两颗种子。虽然结果量很大，但仔细翻拣也会发现许多"空包弹"，也就是没有种子的果实。

秋天是水黄皮盛开的季节，蝶形的花朵簇生于叶腋。

纤维木质化的果皮，可轻浮于水面，随水流动。果荚内含一粒种子。

137

秋茄生长在河海交接的泥滩地。

秋茄

　　说起秋茄，大家想到的便是红树林。台湾有六种红树林植物，其中以秋茄最常见，分布最广，大多生长在泥滩地。泥滩地的盐分过高，土中的含氧量过低，不利于种子的发芽成长，因此秋茄便让种子在树上先发芽成长。也就是多给予小孩一些照顾，等到它们具备生存能力之后，才各自脱离妈妈的怀抱，进行急速垂降，一、二、三，看准目标，跳！有的稳稳地插入泥滩地中，生根成长；有的重心不稳，斜躺在泥滩地中。等潮水来临，它们搭着潮水的便车，远扬航行。落地的秋茄，如果还在母亲的身旁成长，仍然要面临与母亲及兄弟姐妹之间竞争的挑战。若是横躺，反而可以借由潮水散布出去。

在树上先发芽生长的秋茄小苗，被称为"胎生苗"，由于形态像是细长的笔，又被称为"水笔仔"。

站稳后便开始生根长叶。

台湾萍蓬草

　　萍蓬草主要分布于北半球的温带地区，台湾萍蓬草是萍蓬草家族在世界地理分布的最南端成员，也是冰河时期遗留在台湾的子遗植物。曾经广泛生长于台湾中北部地区的池塘、沼泽之中，目前原生的族群仅限于桃园少数地区的水塘中，生存环境十分局促。台湾萍蓬草的鲜黄色花朵直挺于水上，加上红色的花蕊，十分耀眼。圆球状的果实内含海绵组织，并具有黏性，果熟开裂后，可帮助种子在水面漂浮一段时间，最后沉入水底，等待合适的时机发芽生长。

上图：花谢后形成一个圆球状的果实，内含海绵组织，可漂浮于水上。
左图：黄色的花朵加上红色的花蕊，亮丽动人。
下图：曾广泛生长于中北部水池、水塘的台湾萍蓬草。

荷花

　　清新脱俗的荷花，是夏季必赏的风情。一方水池开满了大大小小的荷花，有的含苞待放，有的娇艳盛放，展现不同的夏日风情。完成授粉后，花托逐渐成长膨大，一颗颗的莲子在其中孕育。莲蓬是由荷花的花托形成的，中心一个洞一个洞露出的小点，是雌蕊的柱头，雄蕊则在花托的外围，众多的雌蕊包覆在花托中。每颗莲子住在一个房间，原本是狭小的空间，随着果实成熟，莲蓬间的空隙会愈来愈大。累累的莲子让莲蓬弯下头，莲子便自然地掉落于水中。莲子外面有坚硬的表皮保护种子，防止水分及空气渗入，可长时间休眠，等待合适的时机。

荷花就是我们说的莲花。当荷花完成授粉，花瓣掉落，就开始孕育果实。

原本是狭小的空间，随着果实成熟，莲蓬间的空隙愈来愈大。

上图：莲蓬弯下头，莲子便自然地掉落。
左图：每颗莲子都有自己的房间。

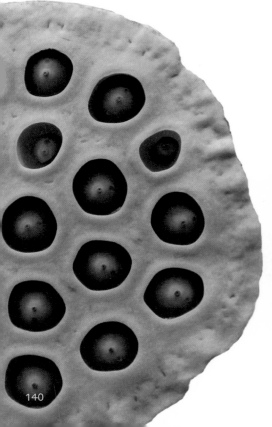

140

Chapter 6　果实种子竞技场

雨中跃

　　一些生长在沙漠地区或是高山及森林底层的草本植物，练就了一身雨中跃的绝技，当果实开裂后，便等待雨的来临，利用雨水打击而下的冲击力，一跃而出，至于能跳得多远，便各凭本事了。

通泉草

　　草地上成片生长的通泉草，吸引着人们的目光，但很少人会留意它的果实。花谢后，星芒状的花萼仍然保留着，像绿色的花。花萼中心膨胀突起的便是发育成长的果实。成熟后自然开裂，显露出满满的种子，借由雨水的冲击将种子溢出。

成片的通泉草总是引人注目。

开裂的蒴果中，可见满满的种子。

溢出的种子，黏附在有毛的茎条上，干燥后可自然掉落。

借由雨水将种子溢出。

141

龙胆家族

喜爱冷凉气候环境的龙胆属家族，大多生长在中高海拔地区。为了适应高山上严酷的生存环境，它们的生命周期大多为一年，利用高山短暂的温暖季节完成开花结果的生命历程。在冬季来临之前散播出种子，让种子蛰伏于地底，等待来年。台湾共有13种龙胆类的植物，除了台湾龙胆之外，其余全是台湾的特有种，较常见的是台湾龙胆、阿里山龙胆、玉山龙胆、黑斑龙胆、黄斑龙胆。每年盛夏是高山野花怒放的季节，它们运用这难得的温暖季节繁衍后代。直立柱状的果实，开裂后就像张大的嘴喙，其中蕴含着许多细小的种子，借由雨水的冲击及满溢来传播。

古代文献这样形容龙胆："叶如龙葵，味苦如胆"，因此而得名。

开裂的果实，其中有许多细小的种子。褐色的种子扁平状，经由雨水溢溅出去。

种子散尽的空果，像张大的嘴喙。

黑斑龙胆长柱状的果实，宿存的柱头形成漂亮的卷曲状。

台湾龙胆果实开裂，显露出细小的种子。黑色的种子，表面有凸起，等待雨水的冲击与满溢。

台湾龙胆长线状的叶片及圆滚滚的花苞是与其他龙胆的区别。

台湾唢呐草

　　形如唢呐的果实，是它名称的由来。生活在潮湿环境，花朵娇羞地向下开放，以避免花粉被弄湿。等到结果时，花茎向上翻转，让果实向上生长并开裂，形成一个杯状。当雨水充满这个杯子时，连带挤压出种子。

花谢后翻转茎条，让果实向上生长，成熟后自然开裂，种子借由雨水的冲击满溢而出。

上图：台湾唢呐草向下绽放的花朵。
下图：种子完全散出，只剩下空壳。

猫儿眼睛草家族

　　猫儿眼睛草（金腰）大多生长在潮湿的森林底层，不仅花小，果实也小。种子借由雨水向下冲击的力量，溅飞出去。

台湾猫儿眼睛草的花朵十分细小。

未开裂的果实。

果实开裂后，借由雨水的冲击力将种子溅飞出去。

长久以来，我一直以为这是青猫儿眼睛草，最近学者鉴定出这其实是日本猫儿眼睛草。原本生长的地区由于道路的开发，消失了踪影。低矮的草本植物，总是被视为杂草而加以清除，生存更加严峻。

风中扬之冠毛降落伞

拥有随风飞扬技能的果实种子，通常头顶着轻柔的绒毛，随着风的心情，轻盈优雅，或是狂放奔驰，翻飞于天际间。

随风飘扬的菊科家族

菊科的成员号称植物界的第一大世家，一点也不为过。这主要是因为它们大多拥有冠毛降落伞，可以随风翻飞，广布于世界各地。

◎西洋蒲公英

草地上常见的西洋蒲公英，应该是大家最熟悉的菊科植物之一。它拥有一项特别的技能，花完成授粉之后，花茎会抽高，让果实可以距离地面较高，成熟之后等待风起，便可乘风飞散出去，降落到远方。

西洋蒲公英的花绽放在靠近地面的部位。

花谢之后，花茎抽高，让果实在较高的地方成长。

时机成熟后，一颗颗带着冠毛降落伞的瘦果飞散出去，还留有几个尚未出发的果实。

若时机还没成熟，即使我们想帮它们一把，它们也不为所动。

成熟的果实，将冠毛降落伞张开，等待远扬。

海边的蓟，头状花序由管状花组成。

一点红的瘦果。

上图：蓟的瘦果。　下图：玉山毛连菜的瘦果。

台湾山苦荬的瘦果是黑色的。

由这个角度看宛如烟火一般。

148

夹竹桃家族

使用化学武器鼎鼎有名的夹竹桃家族，选择以风来传递种子。果实两两相生，初期下垂生长。接近果熟时会变成头对头两两相连，好像是劈开的双腿一般。由此开裂后，带有冠毛的种子随风飞行散出，如同一个个带着降落伞的伞兵，由空中飞降，借风滑行落地。家族中的成员带着大小不一的降落伞，每当秋冬季节都可在森林中偶遇这缓缓降飞的种子。偶尔发现尚未开裂的果实，带回家收藏后竟然也会开裂。

酸叶胶藤

种子外表毛茸茸的，借由风的吹送，飘飞到远方。

酸叶胶藤盛开时覆盖住树木，树冠宛如披上粉红薄纱。

粉红色的薄纱由可爱的小花组成。

果实两两成对生长，刚开始向上悬吊生长。

即将成熟时变成两两相对，好像劈开的双腿。

糖胶树

糖胶树的花十分细小，黄白色的小花聚集成球状。

种子两端具有冠毛，像一只毛毛虫。

薄叶
牛皮消

上图：盛开的薄叶牛皮消，含有丰富的蜜汁，
吸引许多蜂类取食。
下图：种子整齐有致地排列于果实中，成熟开
裂后，依序张开冠毛降落伞，随风纷飞滑行。
褐色的瘦果带有薄翼。

果实两两成对生长。

150

柳叶菜家族

台湾的柳叶菜属家族大约有3种，包括合欢山柳叶菜、黑龙江柳叶菜、南湖大山柳叶菜，大多生长在中高海拔有点潮湿的山区环境。长柱状果实如火柴棍般，一根一根直挺挺地排列在茎轴上。每当成熟时，这些火柴棍便会开裂，显露出许多细小的种子，每颗种子都加装了冠毛，可乘风飞行。

柳叶菜细长形的果实像一根火柴棍。

带有冠毛的褐色种子，随风翻飞。

山林间的海葵触手——缬草家族

缬字音同"协"。生活在中高海拔山区的缬草家族，台湾有3种，分别是缬草、嫩茎缬草、高山缬草。它们共同的特色是拥有加装了"海葵触手"的果实。果实刚开始形成时，如同未开展的海葵蜷缩在一起，形成圆球状。果熟后便伸展出羽状的绒毛，如同海葵的触手。身为败酱科家族的一员，具有特殊的气味。

生长在中高海拔地区的缬草，果实的冠毛宛如海葵的触手，尚未开展时蜷缩成圆球状。

追风鞭

有些植物家族在果实上附加一条羽绒状的长鞭，这长鞭如同哈利·波特的"金色飞贼"般，迎风追击，飞向无垠的天际。

铁线莲家族

铁线莲家族的成员都拥有特殊的羽绒追风鞭，是家族辨识的特征之一。果实拥有细长鞭毛状的绒毛，一颗颗果实聚在一起，形同一颗颗火球，像烟火般美丽。它们也借助风的力量，将种子飞散出去。

平地常见的小蓑衣藤，盛放着白色的花朵。铁线莲家族花的特征就是雄蕊及雌蕊数量较多。

上图：苞片掉落后，果实孕育成长。
下图：干燥后，长鞭上的羽绒毛撑开，等待乘风追击。

长鞭逐渐散开，如同施放烟火一般。

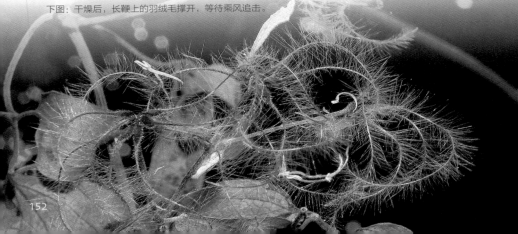

屏东铁线莲分布于台湾的南部及东部，
硕大的花朵十分艳丽。

屏东
铁线莲

中央的白色雌蕊以及外围蓝色的雄蕊，
形成鲜明的对比。

每颗果实都附加有一根长鞭。

等待开散。

仙女木

几年前在长白山上，与仙女木相遇，当时花期已过，仅见
逐渐成熟的果实等待飞扬。原本的长鞭纠结在一起，成熟
后逐渐旋开，长长的鞭子向四方伸展。

飞絮筋斗云

水柳的果实。

孙悟空的筋斗云，一个筋斗就可飞行十万八千里，令人称羡。植物家族中，有的也懂得运用筋斗云来传递种子，为细小的种子附加柔软轻盈的絮毛，群集飞升，宛如乘着筋斗云一般，飘行于天际。

柳树

生活在水边的水柳，早春时开花，之后便迅速结果。柳絮如何纷飞呢？柳树的种子具有细白的绢毛，结果及结子的数量大，不计成本地大量抛撒，只为了将种子传递出去。柳絮中蕴藏着无数细小的种子，随着棉絮团飞到远方，即使落到水面，也因轻柔的身躯而漂浮于水面，借着水流传播出去。同时运用了风与水的力量，将种子散布到更远的地方。

大量的种子彼此聚集在一起，形成一个棉絮团，乘风飞扬，宛如乘着筋斗云一般。

种子有纯白色的绢毛。

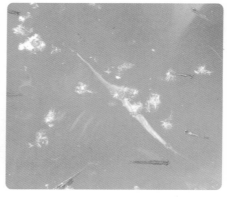

即使落在水面，也因轻柔的身躯而漂浮于水面，借着水流传播出去。

香蒲（水烛）

　　生活在湿地环境的香蒲，花序像一支支蜡烛，因为生活在水边而有水烛之名。成熟时，散逸出带有棉絮的细小果实，果实轻小，可浮于水面。除了风之外，也运用了水的力量。

香蒲的花序像一根蜡烛。

带有棉絮的细小瘦果，形成一个棉絮团。果实轻小，也可浮于水面，借由水传送。

黑色种子隐藏于棉絮中。

木棉

　　三四月，硕大的橘红色木棉花开满街道。灿烂一夏之后的木棉，五六月间在枝干间结了硕大的果实，内含许多轻软的棉絮，细小的种子借由乘坐这棉絮筋斗云而飘散出去。

蒴果向下开裂。

硕大的橘红色木棉花开满街道，十分壮丽。

乘着飞絮筋斗云掉落地面的种子。

发芽的种子。

美丽异木棉

同是木棉家族的美丽异木棉，在秋冬季节开花。一颗颗蒴果悬吊于枝条间，同样以棉絮筋斗云传递种子。

小白头翁

乍听"白头翁"三个字，会误以为是都市三侠之一的白头翁鸟，其实它是一种植物。为什么叫小白头翁？因为果实成熟后，迸裂散出带有絮毛状的细小种子，宛如披散白发的白头老翁，因而得名。

每年六月是小白头翁盛开的季节。

成熟后散出带有絮毛状的瘦果，像不像披散着白发？

圆球状的聚合果。

157

空中旋之飞旋翅翼

小鸟拥有飞翔的羽翼，可以自由自在地飞行到各地，令人羡慕，植物也懂得学习运用，在自己的身上加装了滑翔的羽翼。不同的家族成员，设计出不同造型的翅翼。有单翼，有双翼，甚至多翼，以这特殊的翅翼，展现空中飞旋的技能，宛如表演一场空中芭蕾旋转舞技。

拥有这项技能的植物，大多是高大的木本或藤蔓植物。为了展现飞旋的特技，它们的果实都生长在树冠层或枝条的前端，如此才能借由风的流动，旋转翅翼，降低空气的阻力，减缓掉落的速度，以便滑行到较远的距离。

单翼翅果

◎槭树家族

台湾的槭树家族共有6种，包括青枫、台湾红榨槭、尖叶槭、樟叶槭、台湾三角枫、台湾掌叶槭，它们拥有的共同特征便是具有飞翔的翅果，以及相互对生的叶子。翅果在枝条上两两相依成长，一旦成熟便会彼此分离，各自分飞。不同成员之间，翅果的大小及翅型稍有差异。

台湾红榨槭翅果。

青枫翅果。

樟叶槭翅果。

尖叶槭翅果。

◎光蜡树

树干光滑，又名白鸡油。树液是独角仙的最爱，夏天常常可在树干上发现独角仙。单一花朵细小不起眼，但它们懂得团结合作，集合成簇，变成醒目的目标，吸引昆虫前来觅食。果实细长形，有片状而狭长的翅翼，常常簇生长于枝端，随风飘飞。

光蜡树细小的花。

细长形的翅果，有片状而狭长的翅翼。

单翼翅籽

◎桃花心木家族

大叶桃花木及桃花心木都是良好的木材，在台湾中南部广泛植栽。硕大的果实通常生长在接近树冠层的枝端，成熟后开裂，具翅的种子整齐地排列于其中，等待时机成熟，离开母亲的怀抱，远扬高飞。种子飞尽之后，果实的中轴依然留存。

高大的桃花心木果实，通常结在枝干顶端。种子具有长翅，种皮有海绵组织，质地轻，可协助种子飞降。

◎翅子树家族

顾名思义，翅子树是种子具有翅。在台湾可见两种，即台湾翅子树与槭叶翅子树。

槭叶翅子树，叶形似槭树，因而得名。硕大的果实结在枝端，成熟后向下开裂，散出带翅的种子。

槭叶翅子树的种子具有薄翅。

◎台湾梭罗

台湾梭罗大多分布于台湾的中南部，是台湾特有种的植物。四五月开花，花序成球团状，散发着清香。果实有长长的果梗，悬挂在枝端，成熟后自然开裂，带翅的种子旋飞散出。

台湾梭罗果实有长长的果梗，成熟后自然开裂。

台湾梭罗的花散发着清香。

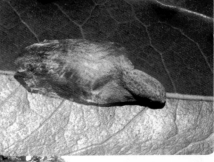

种子有薄翅。

◎松科家族

　　松、杉、柏的种子都是飞行高手，加装飞行的羽翼，羽翼有大有小。即便同是松树家族的一员，翅子的样子还是有差异。

台湾冷杉直立的蓝色球果。

冷杉的种子也带有蓝色。

台湾油杉的直立球果。

油杉褐色的种子。

湿地松的球果，果鳞带有短刺。

湿地松黑色的种子，带有灰白色的翅翼。

双翼滑翔

◎车桑子

叶子形态和相思树的假叶有些相似，而有"山相思"的别名，喜爱生长在向阳的山坡或是河床地，为阳性的植物。果实有蝴蝶般的双翼，造型奇特而可爱。这双翼会自行开裂分离，主要是为了将种子散播出去。

果实带有蝴蝶般的双翼，刚开始带有红色的晕斑，造型奇特可爱。

由中央开裂为两半，散洒出细小的黑色种子。

上图：干燥的果实，脱离枝条后可随风飘飞。
下图：初长的车桑子果实。

◎ 泡桐

　　高大的泡桐，拥有数量颇多的细小种子。椭圆形的蒴果高高挂在树端。小小的种子周围有如同蝶翼般的薄翅，一旦果熟开裂，便会随风飞散出去。

自然开裂的果实。

上图：种子有蝶翼般的薄翅。
下图：泡桐椭圆形的蒴果。

三翼螺旋桨

◎风筝果

　　风筝果是攀挂在其他植物身上的藤蔓植物，花及果实都长在树的上端，比较不容易观察，常常因为在地上看到它的落果，才发现它的存在。果实延伸成三个翅翼，造型如同直升机的螺旋桨一般，捡拾落果往上抛，便会像风车般旋转，因此有"风车藤"的俗名。它的属名 *"Hiptage"* 就是飞的意思。

一旦翻飞，会如同风车般旋转落地。

风筝果的翅翼呈三角状，如同直升机的螺旋桨。

飞天魔毯

有些植物家族的果实变成扁平状，或长形，或圆形，承载着种子，如同搭乘着飞天魔毯，滑翔于天际，到各地旅行探险。这些飞天魔毯大多属于高大的树木家族的配备。

飞毯果

◎榆树家族

每当解说榆树时，总是要打趣着说："这是愉快的树。"不管榆树是否真的是愉快的树，至少这是让大家方便记忆的一种方式。榆树的果实又被称作"榆钱"，那是因为果皮形成一个圆盘状，中间有一颗种子，就像古代的钱币一样。不同的榆树，榆钱的大小不同。其实这个造型是方便它们飞行的，就像乘着飞天魔毯般飞行。

榔榆

常见于都市绿地的榔榆，秋天是开花的季节，开花后随即结果。

掉落在地面的落果。

果皮形成一个长椭圆状，种子在中间，宛如乘坐飞天魔毯，乘风滑行。

分布在台湾中海拔山区的阿里山榆，每年的早春未长叶之前会先开花并且结果。

阿里山榆的未熟果，种子位于正中央，像是一个荷包蛋。

台北植物园栽种着一棵印度榆，我多年前观察时便发现了它，却一直查不到名字。虽然不知道它的名字，但每次到植物园都会去看看它。每年的秋冬季节是它果实翻飞的时候，它与榆树家族的其他成员一样有圆形的飞天魔毯，只是较圆而大。最近在植物园的数据库查到了它，原来它的名字叫印度榆。无论叫什么名字，仍旧是我在植物园的老朋友。

冬天叶子落尽，仅剩待飞的果实。它的身形高大壮硕，要拍到枝干上端的果实十分不容易。

◎台湾樗树（臭椿）

《庄子》中提到"樗"是大而无用的树，由于粗大的树干上常有瘤状物，再加上枝条弯曲，无法做良好的木材，因此被视为"大而无用"的树。不过也由于它对于人类而言大而无用，反而免于斤斧之害。有用与无用，就看我们是从什么角度来看。

台湾樗树柳叶般的细长果实，有的边缘稍有波浪状，能载着种子乘风飞翔。

由于形态与香椿类似，却有不太好闻的气味，因此又被称为"臭椿"。

果实结在树的顶端，要拍到它们的果实十分不容易，只得在地上找飘落的果实。

◎败酱家族

败酱的名字，来自于根部会散发出如同腐败的臭味。由于观察时以不破坏为原则，因此很少去挖掘它的根系，也未嗅闻到所谓的腐败气味，只是单纯欣赏花果。果皮形成一个圆形，种子在中央。果熟时，圆皮还会出现皱褶纹路，十分特别。

上图：果皮形成一个圆形，种子在中央。
右图：干燥的果实，等待随风飞扬。

◎紫檀家族

紫檀之名，来自于树干剖开后，会流出紫色的汁液。由于材质坚硬，纹理高雅，又具有香气，为世界贵重的木材之一。在台湾常见的有印度紫檀及菲律宾紫檀两种，台湾引入之后，多栽植于公园绿地及作为行道树。两者的区别在于：果皮上有刺的是菲律宾紫檀，没有刺的是印度紫檀。每年的秋冬季节，繁叶落尽，仅存光秃的枝干及待飞的荚果，等待风神的相助，搭乘飞天魔毯滑行，寻访合适的立足之地。

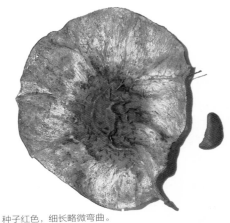

种子红色，细长略微弯曲。

果荚形成一个圆盘状，可随风飘散，宛如飞天魔毯。

印度紫檀和菲律宾紫檀十分相似，不易分辨，比较明显的区别在于菲律宾紫檀的果实外表长有棘刺。

◎印度黄檀

印度黄檀果荚的形态和台湾榉树类似。它们分属于不同家族，果实的形态却类似，可称作趋同演化。

印度黄檀果荚呈柳叶状，造型和台湾榉树很类似。每个果荚有1至2粒种子。

飞毯种子

有些植物家族则是种子本身加附薄膜，形成扁平的飞天毯，在天空施展滑翔的绝技。

◎薯蓣家族

乍听到薯蓣可能会觉得很陌生，但如果说"山药"，大家就会比较熟悉。薯蓣就是山药，薯蓣类的植物由于栽植的历史悠久，品种颇多。大多是多年生的藤蔓植物，攀挂在高大的乔木或灌木身上，向上争取阳光。蒴果具有三瓣，每瓣藏有两片薄如蝉翼的种子，果熟后向四方开展，让种子乘着飞天魔毯飞散出去。

果熟开裂，每个果瓣之间有一片种子。种子具有圆形的薄膜，可随风翻飞。

里白叶薯蓣（薯蓣），由于叶背灰白，有别于一般的薯蓣，因而名称中加上"里白"二字。未熟的绿果呈多角状。

◎紫葳家族

　　紫葳家族的成员包含了菜豆树、蓝花楹、风铃木、蒜香藤。除了菜豆树是台湾原生的植物之外，其余都是引进栽植的外来观赏植物。它们的种子都加附了魔毯，拥有飞天的技能。

蒜香藤

许多校园或都市公园的棚架，多栽植有蒜香藤。

长扁形的蒴果开裂后，散出薄如蝉翼的种子。

菜豆树

夜晚开花的菜豆树，吸引夜间活动的昆虫为它传粉。细长而弯曲的蒴果，被戏称为"慈禧太后的指甲"。

果实开裂成两半，带有薄膜的种子能乘风飞行。

170

蓝花楹

高大壮硕的蓝花楹，来自于热带地区，在台湾中南部比较容易看到它满树馨华的盛况。

扁圆形的果荚，开裂后像个响板。细小的种子加装了飞翔的魔毯。

黄花风铃木

薄如蝉翼的种子。

黄花风铃木的长条形蒴果。

风滚球——果实"多尔滚"

我滚！我滚！我滚！滚！滚！借由风儿的吹送，不费力地滚动，滚离母亲的怀抱，滚向未知的新天地。

滨刺麦

滨刺麦是纯正的"海滩人"，生活在阳光充足、没什么遮蔽的沙滩上。在如此炎热的海滨之地讨生活，滨刺麦有生存的绝招。首先有坚韧的根系，紧紧地抓附着沙地，并善于利用海滨风大的优势，将具有长刺的颖果层叠为一个球状，像一颗颗海胆。当强风骤起，滨刺麦便借此移动，宛如风火轮般轻盈飞滚。在滚动的同时，也将种子散播出去。

据说早期的先民会将这形如海胆的滨刺麦带回家，放在厨房或是床底下，老鼠因害怕被刺到而不敢来。民间便以滨刺麦的果实来防老鼠，因而有"老鼠草"的别名。有时候借由植物命名的由来，可以得知许多故事，虽然与人类的使用有关，但这也不失为认识植物的一种方式。

滨刺麦是男女有别的植物，雌雄异株。只有雌株才会形成海胆状的果实。

滨刺麦的雄花。

滨刺麦的雌花。

海滨沙滩地上的滨刺麦随风滚动。

秘鲁苦蘵是苦蘵的亲戚，全身毛茸茸的，可和苦蘵做区别。

苦蘵

　　山林间还可看到另一种宛如灯笼的植物——苦蘵，这个灯笼其实是由花萼形成的。向下悬吊的星形小花，清新典雅。花谢之后，花萼会延伸膨大，并将果实包裹起来，让果实在其中安心成长。小时候在野外看到它时，总喜欢玩它。用力挤压，便会发出"啵"的一声。成熟的果实是黄色的，吃起来酸酸的。

果实被包覆其中。

花谢后，花萼延伸形成一个气室，宛如灯笼一般。

掉落后，可随风滚动，传递种子。

台湾栾树

　　每当台湾栾树开花时，便是秋天来到的时候。艳黄色的花簇生于枝头，艳丽动人，随后结出红色的果实，加附气囊，让果实膨胀，随风翻飞滚动。

果实的下端，开裂愈来愈大，可看见尚未成熟的种子。

花谢后，子房开始孕育果实。

成熟后的干果转为褐色，掉落地面之后，可随风翻滚。

三角状的红果，渐趋成熟，颜色也慢慢变淡。

上图：果实的每个瓣片有两粒黑色的种子。
左图：初生的鲜红色小果。

鹧鸪麻

鹧鸪麻又称克兰树，它们大都生长在台湾南部的山区。我第一次见到它是在垦丁，高大的树上开着粉红色的小花，引人注目。果实的造型很特别，圆鼓鼓的五角状，像一颗小星星。这膨胀含有气囊的果实，能随风翻滚，传递种子。

"克兰"之名，来自于拉丁属名 *Kleinhovia*，是为了纪念荷兰植物学家 Christiaan Kleynhoff，以他的姓氏拉丁化而来。台湾南部人称为"面头果"。它的木材材质轻，不易龟裂，是台湾少数民族拿来制作刀鞘的材料之一。树皮含纤维质，可制绳索。

五角状的蒴果。

上图：开裂的果实，可见其中的种子。
下图：圆鼓鼓的果实，中央有气囊，可随风翻滚。

鹧鸪麻是高大的乔木，粉红色的小花盛放在枝端，不容易观察。

柚木

　　柚木是原产于东南亚的热带植物，台湾引进作为造林的树种，大多分布于台湾中南部低海拔的山区。

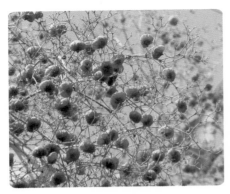

由这个角度看，好像一个个绿色的泡泡。

果实由宿存的花萼包覆，形成一个气囊，可借风传播。

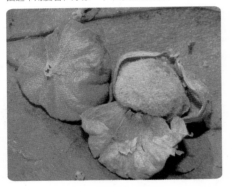

上图：将泡泡打开，果实藏在其中。
下图：柚木是高大的乔木，树干通直，材质细致，是良好的木材，常被用来作为家具的制作材料。

多角状方便滚动的果实，干燥后随风翻飞滚动。

虎杖

　　被戏称为"老虎的拐杖"的虎杖，因为茎上有节如杖，带有斑纹，如同老虎的外皮而得名。虎杖的果实由宿存的花被包覆形成多角状，在山区常可见花果并存的现象，有粉红及粉白等颜色，色彩缤纷。

红果艳丽，亮眼夺目。

上图：蓼属家族成员都具有花被包覆果实的特色，同家族的台湾何首乌也有。

下图：虎杖是夏秋高山野花的主角之一。

空中跃之喷射弹跳

身怀弹跳技能的家族，凭借自己的力量，以弹射的方式来散播种子。当果实逐渐成熟，水分不再输送过去，此时，它们借由内部的干燥与紧缩，以扭转的弹力或挤压的方式，将种子飞射出去。有些种子在没有障碍物阻挡的情况下，可以飞射到数米或数十米远。目前据科学家记录，弹射最远的是洋紫荆类的植物，可以弹到十五米远，沙盒树可达十四米。

酢浆草

草地上常见的酢浆草，即使在都市的水泥地，也可以发现它们的踪影。细致秀气的黄色花朵，在草地上绽放，明亮耀眼。长柱状的果实，好像一个蜡烛台，插着直挺挺的蜡烛。当果实成熟时，只要稍微一触碰，果皮就会迅速开裂。迫不及待要出来的种子，以迅雷不及掩耳的速度，瞬间向四方弹射出去，有时候还会吓人一跳。不过被吓之后，却又觉得有趣，忍不住在草丛间再寻找饱满的果实来试试，顺便帮它们播种。另外常见的还有红花酢浆草，以地下鳞茎繁殖，不结果实。

长柱形的果实，好像一个蜡烛台。

上图：稍稍一触碰，种子就会猛然弹射出去。
下图:随处可见的酢浆草，种子是弹跳高手。

巴西橡胶树

　　喜爱植物的人，都会经历收藏果实的阶段。巴西橡胶树的果实十分可爱，长长的果梗，悬挂着宛如苹果的果实。曾经有位同样喜爱植物的伙伴，送给我这种可爱的果实。带回家后，放在书桌前当摆饰。每当夜深人静，正是我写作的时候。有一晚，我正凝神构思，突然一声宛如爆炸般巨响，把我自己吓了一大跳，也将我由神游的世界拉回到现实。赶紧查看四周，看看到底发生了什么事，结果在地面发现迸裂了一地的巴西橡胶树果实及种子。看样子，这些会开裂的蒴果，即使被采摘，离开了母亲的怀抱，还是得完成天赋的使命。

巴西橡胶树的果实，
成熟后自行迸裂，将
种子飞弹出去。

每个果实内含有三粒种子，种子的表面有独特花纹，十分漂亮。

凤仙花家族

造型奇特的凤仙花家族，除了拥有特殊的花距之外，果实也是具有弹性的弹跳高手。在都市庭园中常见的凤仙花及非洲凤仙花，果实较为膨大，悬挂于枝叶之间。当果实成熟饱满时，一经触碰，便会迅速进裂反卷，并弹射出许多细小的种子，因此英文名字为touch me not。小朋友得知它们这项特殊的技能时，总是在花丛间寻找，一一触碰这有趣的果实，有时还会拿这卷曲的果皮，吊挂在耳朵上变成耳环，成为自然装饰。

台湾原生的凤仙花有三种，包括紫花凤仙花、黄花凤仙花及棣慕华凤仙花，它们结的果实不如凤仙花或非洲凤仙花那般饱满膨大，而是长线形，不过一样拥有弹射的能力。它们喜爱生长在台湾中高海拔潮湿的森林底层，目前数量不多，有些仅分布于少数区域。其中以棣慕华凤仙花的数量最少，仅分布于观雾地区。

非洲凤仙花开始孕育果实。

果熟饱满，即将弹射种子。

种子弹射出去后，果皮呈现卷曲状。

台湾原生的紫花凤仙花，长线形蒴果，也是弹射播种。

园艺观赏的凤仙花，蒴果则是长满绒毛的圆球状。

草地上常见的小堇菜。

初长的果实。

成熟往上开裂。

果皮向内紧缩，将种子弹射出去，只剩下空壳。

堇菜家族

花形宛如蝴蝶的堇菜家族，也是身怀弹跳技能的高手。圆球状的果实孕育着许多细小的种子。果熟时，开裂成三瓣，果皮因干燥而向内紧缩，借由这紧缩的力量将种子挤弹出去。曾有科学家实验研究，小小的堇菜果实瞬间的弹力，可以将种子射到两米远。散落在地面的种子，表面含有一种白色的胶质。嗅觉敏锐的蚂蚁会将这些种子搬运回巢穴，它们只对那白色的胶质有兴趣，剩下的种子便抛弃不顾。在抛弃的过程中，无形中也为堇菜播了种。堇菜除了运用自己的力量，把种子弹射出去，也借助蚂蚁将种子带到更远的地方，于是散布的距离更远了。即使在都市的水泥缝中，我们仍然可以发现堇菜生长，也是因为这个原因。

开裂成三瓣，种子粒粒分明。

牻牛儿苗家族

　　牻牛儿苗家族的成员都是弹射高手，长喙状的果实，成熟后逐一由下往上反卷，在反卷的过程中，像投石器般迅速地将种子投射出去。据说这反卷的裂片像牛角一般，因而有"牻牛儿苗"之名。"牻"这个字，音同"芒"，是毛色黑白相间的牛。对我而言，散尽种子的果实空壳就像一盏艺术灯。在中高海拔山区，看到草地上一盏盏像灯般的果实，大概就是牻牛儿苗家族的成员。园艺植物中的天竺葵，也是它们的远房亲戚。

老鹳草是牻牛儿苗家族的一员。

未成熟的果实是绿色的。

成熟后转为黑色。

利用反卷的力量，如同投石器般将种子弹射出去。

投射完的空壳，像一盏艺术灯。

上图：一颗未投射出去的种子。

野老鹳草是外来种，在中海拔地区有零星的族群。

下图：野老鹳草的黑色艺术灯。

羊蹄甲家族

　　洋紫荆、羊蹄甲、红花羊蹄甲三者
广见于都市公园及校园绿地，由于十分相
似，常常会弄混。其实仔细比对花朵，可
以明显看出它们彼此之间的差异。其中以
红花羊蹄甲最为艳丽，花色为紫红色，花
冠也是最大的，花期较长。洋紫荆是与羊
蹄甲天然杂交的植物，不会结果实。羊蹄
甲的花瓣较为细长，花色最淡，较为素
雅，花期在秋季。洋紫荆的花瓣宽度介于
红花羊蹄甲及羊蹄甲之间，花色较红花羊
蹄甲淡，花期在春季。

成熟后，运用反转扭曲的
方式将种子飞弹出去，据
说可弹十五米远。

洋紫荆与羊蹄甲都会结长条状的荚果。

洋紫荆花。

羊蹄甲花瓣细长，淡粉红或白色。

红花羊蹄甲花冠最大，最为艳丽，不会结果实。

果实种子"黏巴达"

除了风与水的力量之外，有些植物则是发挥"黏巴达"的功力，运用各种钩刺或黏液等特殊装备，强力附着在动物的身上或脚上。特别的是，具有这项技能的果实、种子，大多是草本植物，果实生长的高度也刚好是动物穿行时的高度，一旦黏附在动物身上，便可搭着动物顺风车，离开母亲到更远的地方。

菊科家族

身为植物界的第一大家族是有原因的，家族中成员各自具有不同的特殊本领，除了前面介绍过的运用冠毛降落伞，借助风的力量飘行千里外，有的则是运用钩刺或黏液，借助动物穿行万里，扩展领土。

◎苍耳（羊带来）

俗名被称为"羊带来"的苍耳，原本是西域的外来植物。外表长满了钩刺，可以黏在牛、羊毛上，借以传播。

苍耳以密生钩刺的总苞，将果实包覆其中，借以黏附在动物皮毛上传播。

◎牛蒡

第一次见到牛蒡是在祖国大陆的东北，当时在当地进行自然生态课程，居住地附近可见到许多野生的牛蒡。看到它的花形，便可确定是菊科家族的一员，完全是由管状花聚集成头状花序，果熟之后形成一个有倒钩的瘦果，也就是因为这个倒钩，使它能够钩附在往来动物的身上来传播种子。以前小孩会拿来当玩具，相互投掷。

牛蒡。

成熟后总苞开裂，内有1至2粒瘦果。

◎白花鬼针草

白花鬼针草是强势的外来种，几乎随处可见。由于花大蜜多，早期被引进作为蜜源植物，没想到一发不可收拾，如同熊熊的野火，蔓延到台湾各处，无论高山、平原、海滨都可以见到它的踪影。能够如此迅速地扩张，归功于它那长满倒刺的果实，不仅能钩附在动物的皮毛上，也能黏附在人类的衣物上，随着动物或人的足迹，散布各地。

初长成的果实，这是小朋友最喜欢玩的恶作剧暗器。

瘦果前端有叉，如鱼叉一般。

每个瘦果都长着倒刺，可钩附在动物或人类身上传播。

◎豨莶

豨莶广泛生长于平地至山区，身为菊花家族的一员，运用了不同的方式传播种子。总苞具有腺毛，会分泌黏液，加上种子有绒毛，因此能黏附在往来的动物身上，借此传播出去。

豨莶的总苞具有腺毛，可黏附在动物身上。

牛膝家族

　　牛膝之名来自于它的茎上有节，状似牛膝，因而得名。它和我们常吃的苋菜是远房亲戚，所以叶子的形态有些相近。牛膝的胞果外面附有芒刺状宿存的花苞片，借此钩附在往来通行的动物身上。在野外观察时，稍不留意，常常会带不少牛膝果回家，有时还会被芒刺给刺上。

苋科家族的特征之一，便是胞果。牛膝的胞果外，具有芒刺状的苞片，方便钩附动物身上。

山蚂蝗家族

　　听闻蚂蟥，许多人为之色变，尖叫连连。植物界也有"蚂蟥"，但不会吸血。一节一节的豆荚，表面具有绵密的钩刺，可以牢牢地黏附在动物或人类的身上。它的吸附力，如同蚂蟥一般强韧而得名。不同种类的山蚂蝗，节荚果的形状不太相同，有的是圆形，有的是三角形，有的是方形，有时候可以运用会断裂的节荚果来拼字，充满了自然野趣。

波叶山蚂蝗节荚果为圆形。

疏花山绿豆的荚果是三角形。

小槐花的节荚果为长椭圆形。

◎苜蓿

生长在农地或菜园的苜蓿，圆形的果荚外面长着棘刺，像小型的暗器，钩附在动物的皮毛上或是脚底下。曾经带着狗经过一片农地时，突然间狗狗不时地停下来咬脚底。仔细察看，原来是苜蓿的果实牢牢地钩粘在它的脚趾缝中，让它十分不舒服，才会频频停下来，想要用嘴去除这些讨厌的果实。我索性停下来助它一臂之力，仔细翻找，发现不仅是脚趾，连尾巴上的毛也粘了不少，花了一番功夫才清除这些果实，也难怪到处都有它们的足迹。

借此钩附在往来动物的皮毛上，狗狗的尾巴黏附了许多苜蓿及牛膝的果实。

生长在农地或菜园的苜蓿。

圆形的果荚外有棘刺。

◎蒺藜草

广泛分布于台湾中南部平原地区的蒺藜草，大多生长在沙地或草地上。颖果外表具有芒刺状刚毛，人不小心碰到会痛得哇哇叫。它们运用有刺毛的果实，黏附在动物或人类的身上，强迫人或动物带它们走，帮忙散布种子。

蒺藜草的果实具有芒刺，被刺到会疼痛不已。

可钩附在衣物上。

◎琉璃草

　　生长在中海拔山区，开着秀气细致的小蓝花，格外惹人怜爱。每次看到它，总是一拍再拍。它是低矮的草本植物，枝条向外延伸，看起来有些凌乱，花朵着生在茎条的前端。四颗果实形成一个单位，表面具有钩刺，方便钩附在动物皮毛上。

带有钩刺的果实，以四颗为一个单位。

枝条向四方伸展，有些凌乱。通常生长在路边，如同拦路而行的老虎，又名"拦路虎"。

上图：同为紫草科的高山倒提壶，生长在高海拔地区，果实成熟时为红褐色。
下图：细小的蓝色花朵放大看，非常可爱。

189

◎毛果竹叶菜

　　在一次观察活动中，为了穿越高大的芒草而埋首疾行，只顾着走，没想到身上黏附了许多毛果竹叶菜的果实。等到发现时，还真是不容易清理。果实紧紧黏附在衣物上，即使拔除了一部分，还有一部分黏附在其中。只能耐着性子，一颗一颗地慢慢清除。人类碰到已是如此困窘，更何况是其他通过的动物，想必也是如此地紧密黏附吧！

毛果竹叶菜的小花，宛如跳舞一般。

成熟的果实。

果实的外表有绵密的细毛。

190

◎胶果木

　　胶果木又名皮孙木，之所以叫皮孙木，与它的学名有关。原来是因为发现它的博物学家名叫Willem Piso，以他的姓氏拉丁化而来。在台湾大多生长于南部的海岸林，果实外表分泌黏液，鸟儿取食果实时会黏附在羽毛上，有时黏性太强，甚至让鸟儿飞不起来，又被称为黏鸟树。第一次和它相遇是在台北植物园，果实排列成多角状，觉得很特别，回家查数据才知道是胶果木。下次再去看它时，在地上发现落果，便试着摸摸看，的确很黏，想必它们搭载的大多是树栖性动物的便车。

果实排列成多角状，果皮具有黏液。

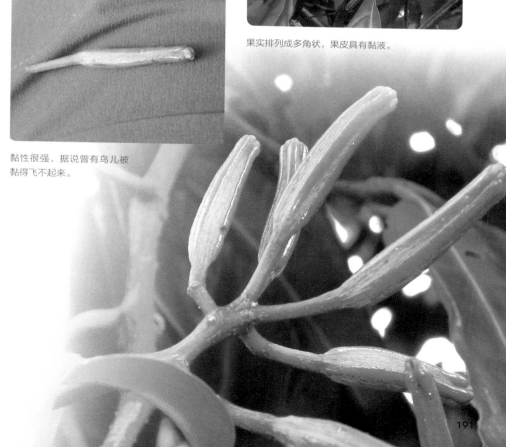

黏性很强，据说曾有鸟儿被黏得飞不起来。

肚里走一遭的果实种子

有些果实突发奇想，为了搭鸟兽免费的便车远行，以香甜可口的果肉或鲜艳的色彩引诱鸟兽吃食，有的被边吃边吐，有的则经由鸟兽排泄的粪便散布出去。

果实一口酥

借由鸟类散布的果实，通常大小刚刚好与鸟喙的大小相符，宛如一口酥，让鸟儿一口就能将果实吞下去。经过肠道消化的过程，随着粪便排泄出来。要能经过鸟兽的肠道，必须具有坚硬的种子，能够耐得住肠道的消化液不被消化融解掉。

斑文鸟的嘴喙短而尖，便于取食禾草谷类的果实。

取食稻米的斑文鸟幼鸟。

上图：五色鸟取食石斑木成熟的黑色果实。
下图：荚蒾类的红色小果，适合红尾水鸲取食。

鲜艳多汁的水果大餐

山桐子

冬季是山桐子果熟的季节，串串珠圆玉润的红果，是许多山鸟的最爱。喜爱赏鸟的人都知道只要守在结实累累的山桐子树下，就可以与许多美丽的鸟儿相遇，据说曾发现20种以上的鸟类来此树上觅食，堪称山鸟的大饭店了。

出于好奇，捡拾一颗落地的山桐子红果，想尝尝这最受山鸟喜爱的名菜风味，没想到一入口，竟是味如黄连，苦不堪言呀！不禁让人佩服鸟类独特的味觉！或许也是上天的刻意安排，不让已掠夺过多的人类与山鸟争食吧！

山樱花

上图：山樱花红澄澄的果实，也引得许多鸟类流连忘返。
左图：隐身在山樱花果丛间的白头鹎。

193

◎榕果家族

　　榕树家族的隐花果，花粉的传递与榕果小蜂紧密合作，果实种子的传递则倚赖鸟类或动物来协助。由青涩到成熟，颜色会转变为鲜艳斑斓的色彩，吸引鸟类取食。榕树家族的成员颇多，借由鸟儿的传递，都市的各个角落都可见到榕树的身影。

都市绿地常可见的雀榕，结果量很大，常常满布枝干，结实累累，是鸟类的餐厅。

榕果成熟时由绿转为红，上面有白色的斑点，如同长了雀斑，所以叫雀榕。另一种说法，它是鸟雀爱吃的果实，因而有雀榕之名。

薜荔也是榕树家族的成员，在都市绿地十分常见，或是匍匐在地，或是攀爬在石墙岩壁上。

薜荔开裂的榕果，其中有众多细小的果实，引来许多鸟类啄食。图为暗绿绣眼鸟正在啄食薜荔果实。

鸡桑

红翅绿鸠也一起来吃桑果大餐。

尚未成熟的桑果，黑短脚鹎正吃得浑然忘我。

鸡屎树

鸡屎树家族大多生长在森林的下层，是低矮的灌木，而且大部分拥有特殊的蓝色果实，深蓝、紫蓝、土耳其蓝，点缀着阴暗的森林底层，常被戏称为"蓝色小药丸"。一直很好奇会有什么鸟类或动物来取食这自然界的蓝色小药丸。有时候老天爷似乎听到了我的心声。在一次观察行程中，在新店的山区看见两只台湾蓝鹊轮流啄食这湛蓝的果实。由于有段距离，再加上林间枝干密布，无法取得好角度拍摄，倒是用望远镜清楚地看到它们大快朵颐的样子，因此又多了一项记录。

好吃的假种皮

　　有些干果类，果皮干燥不含水分，以肉质鲜艳的假种皮吸引鸟类取食。

厚皮香的熟果为红色。

成熟后开裂，露出鲜红色的种子，用来吸引鸟类。

暗绿绣眼鸟取食厚皮香的种子。

台湾海桐

上图：台湾海桐的果实，种子具有鲜艳的红色假种皮，能吸引鸟类的取食，同时具有黏液，也可黏附在鸟嘴上传递。

下图：这只正在大快朵颐的白耳凤鹛，是在台北植物园拍到的。白耳凤鹛一般生活在中海拔地区，属于森林性鸟类，不太可能出现在植物园，据说是附近鸟园的笼中逸鸟。不管怎样，希望它能找到安身之地。

◎木兰家族

　　台湾含笑、兰屿含笑及荷花玉兰都是木兰科家族的成员，蓇葖状的果实成熟后会开裂。种子都具有鲜艳的假种皮，并具有黏性，能吸引鸟类取食。

上图：台湾含笑与兰屿含笑的差别在于叶片，兰屿含笑的叶片较宽而大，台湾含笑则为狭长形。蓇葖果的大小形态差不多。这是台湾含笑的蓇葖果。
下图：在都市公园寻得生存之地的辉椋鸟，正在取食兰屿含笑的种子。

果熟开裂，露出红色假种皮，吸引鸟类取食。

有些掉在地面尚未成熟的果实，一段时间后也会自然开裂，假种皮呈现黄绿色。

广泛栽种于庭园的广玉兰，硕大的花朵具有观赏价值，形如一根棒子，种子外露，悬挂在外侧。

鸟儿与桑寄生的合作

桑寄生家族的植物，与啄花鸟之间有紧密的关联。花及果实依靠啄花鸟传递花粉及散布果实，桑寄生则提供食物给啄花鸟，彼此是互相依存的共生关系。只要有桑寄生植物的地方，便可以见到啄花鸟。每当听到"嘀！嘀！嘀！"急促的声音，仔细在灌丛中寻找，便可找到啄花鸟可爱的身影。桑寄生家族的果实，成熟后饱满多汁，通常含有黏稠的胶质，啄花鸟取食之后，最后排放出不易消化的种子，常常形成一长串的拉稀状，经由风的吹动，将种子吹黏到树干上。有的鸟因为这果胶太黏，以在树干上擦屁股的方式摆脱种子，反而将种子稳稳地种在树干上。掉落地面的槲寄生果实，黄澄澄的看起来似乎不错。好奇地吃一颗尝尝，香香甜甜的，有点像百香果的味道，但是在喉咙中有一条丝线怎么也吞不下。联系这"牵丝"的现象，便可明白啄花鸟为什么要在树干上擦屁股了。种子一旦附着在枝干上，便立刻生根发芽。

槲寄生是寄生在台湾赤杨上的寄生植物，通常会形成圆球状，宛如绿色的冰激凌。

桑寄生类的花与果，都依靠啄花鸟来协助传递，桑寄生则提供丰美食物给啄花鸟，彼此合作无间。

黄澄澄的果实是啄花鸟爱吃的食物。

无意间在地面的石头上，发现掉落的桑寄生的种子。即便是石头，桑寄生也努力地想将吸器伸入其中。

红胸啄花鸟轻盈地穿梭于枝丛间，要捕捉它的身影十分不容易。

鸟粪集锦

鸟雀取食之后，为了减轻身体的重量，常常会随吃随拉，也因此让种子随着粪便排放出去。在鸟粪中往往可以观察到各类种子。

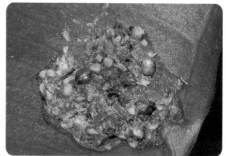

被收藏的坚果类

　　坚果类的果实不仅养分高，而且水分少，不易腐坏，适合储藏，因此有些动物例如松鼠、鼠类、松鸦，为了过冬会捡拾果实作为存粮，有些甚至会把果实埋藏到很深的洞穴中。有时因为吃不完，或是无法记住所有储藏的地点，那么被埋藏的果实若刚好有合适的条件，便可发芽生长。

常可见到被松鼠层层剥除果鳞之后剩下的残果。这残果像不像油炸虾？

圆滚滚的台湾胡桃，核仁富含油脂，是松鼠爱吃的坚果之一。

松果类的球果内含有众多种子，也是松鼠、松鸦爱吃及储食的食物之一。

以量取胜的栎实，大量的落果引得动物的取食与收藏。掉落水里的栎实，则被微生物分解，成为大地的养分。

松鼠有储藏食物的习性，有些果实借由它的储藏而远离母亲到较远的地方。

壳斗科的果实拥有丰富的养分，是许多野生动物的食粮，松鼠、飞鼠、台湾黑熊都爱吃。

上图：榛果也是好吃的坚果。
下图：台湾猕猴和人类一样喜爱吃水果，常将果实边吃边吐或丢弃。种子较小者则被吃进肚子里，借由排泄方式散播出去。

无招胜有招

武艺的最高境界是无招胜有招。当你忘掉了所有的招数之后，反而让武艺提升到更高的境界。有些植物的种子，没有特别的装备、机关及招数，只是长得如同尘土般细小，自然掉落于地面中，混杂在泥土里，鸟兽经过便会自然地塞入鸟兽的脚足缝隙中，而被带往各地。有的种子甚至沾染到水，便会分泌出如同黏液的胶状物，借此牢牢附着在鸟兽足间，或人们的鞋底缝中，或是被地底生物带往土中。

草地上常见的车前草，有特殊的生存绝技。

车前草

车前草的果实，上方有个像盖子的装备，成熟后自然开裂，散洒出细尘般的种子。种子具有果冻状的胶质，一旦遇到了水，便会膨胀黏着在一起，当人类的鞋子或是动物的脚踩到时，就会紧紧黏住而运送离开，甚至是黏在车轮上。因此，我们到处都可见到车前草的足迹。

车前草的未成熟的果实。

成熟后开裂，散出细小的种子。

繁缕家族

　　繁缕家族的植物，台湾可见的有六种，其中以鹅肠菜、繁缕、疏花繁缕较为常见，大都生长在农田或是荒废的草地上。早期农家把它们作为鸭鹅的食物，因而也任由其生长。圆球形的蒴果成熟开裂后，散出许多细小如尘的种子。种子表面有许多突起，借由这些突起而深入土壤中，并随着土壤一起黏附在动物的脚底或人类的鞋底，从而被运送到远方。

生长在路旁田间草地上的鹅肠菜，是随处可见的杂草，一般人不太会注意到它。白色的花朵，繁星点缀绿草如茵的地面。

授粉之后，花茎便向下低垂，让种子在未成熟前，免受风雨侵扰。

上图：为了吸引昆虫的注意，花朵向上绽放。
下图：果实成熟后，为了将种子散布出去，会再度抬起茎枝。果皮开裂后，散出细小的种子。

扁平深褐色的小坚果，遇水会膨胀，形成有黏性的胶囊，借此黏附动物或人类脚底而传播出去。

山香

乍听香苦草之名，让人觉得很陌生，但若提及"山粉圆"，那么便是无人不知，众人皆晓了。山粉圆是我们夏季清凉消暑的饮品，黑褐色的小坚果只要浸泡在水中便会膨胀。外围形成一种胶囊，将小坚果包围住如同粉圆一般，也因此有"山粉圆"之名。但为什么山粉圆的果实碰到水，就会形成这胶状的果冻胶囊呢？这当然不是为了给人类吃，其实是为了让种子散布出去的一种方法。果实成熟后，随之洒落在地面上，一遇上水，便膨胀成具有黏性的胶囊，当动物或人类行走经过此地，脚底便会黏附上山粉圆的坚果，而山粉圆宝宝也借此散布出去。

山香就是我们熟知的山粉圆，台湾南部较为常见。

淡紫色的唇形花朵生长在叶腋。

长筒状的萼片宿存，果
实长在长筒之内。

兰科家族

兰花家族的种子更是细小如尘,一旦开裂,便大把大把不计成本地抛洒,挥洒出去的种子,不计其数。

上图:绥草的果实成熟开裂后,散尽大量如尘的种子,仅剩空壳。

下图:喜爱走回旋梯的绥草,是草地上常见的小型兰花,每年3至5月是花期。

美冠兰,常被视为杂草而遭到清除的命运。

美冠兰的果实为长椭圆形蒴果,表皮具有纵棱。

遁地之术

根据植物学家的研究，种子落地之后，有些会运用不同的方式让自己进入土中，例如唇形科及十字花科的种子，遇水会产生黏质，黏附在地底活动的动物身上，进入土中。有的则是利用身上的芒刺或特殊的构造，借由热胀冷缩的方式将种子推进土中。

芒草家族

体态轻盈的芒草家族，当时机成熟时，便脱离母亲的怀抱，乘着风飘飞到各地。一旦着陆之后，便发挥它的遁地之术。运用身上的芒刺，借由空气中的热胀冷缩干湿变化，以旋转的方式钻入土中。

大麦果实的外壳有一条长芒，会随着空气湿度的变化，而产生旋转或伸直，在不断的伸屈之中，一点一点地向前挪动，直到钻入泥土中。钻进泥土的种子，第二年就会生根发芽。

芒草类的颖果附有芒刺，潮湿时会将芒刺靠在一起，干燥时芒刺则会分开，借由这一开一合的伸缩，将果实推进土壤中。

Chapter 7

多用途的
果实、种子

THE FABULOUS WORLD OF
WILD
FRUITS

天然的"尚好"

天然的肥皂——无患子

无患子的果皮含有皂素，是天然的肥皂。里头的黑色种子坚硬耐磨，小朋友喜欢拿来当弹珠玩。

　　早期的农业社会，人们与大自然之间的关系紧密结合，衣、食、住、行各方面大多运用自然的素材，不仅对自然无伤，还可循环利用。近几年，过度化学添加物毒害的事件时有耳闻，使大家开始找回祖先的生活智慧，回归自然，吹起了乐活风（Lohas）。

　　每到秋冬季节，无患子满树金黄色的叶片，为缤纷的山林点缀着不同的色彩。此时也正是果实成熟的季节，高挂在枝端的圆形果实，在阳光的映衬下，带有一点透明的色泽，明亮动人。

　　无患子的拉丁学名为sapindus，是soap indicus的缩写，意思就是印度人的肥皂，可见长久以来便是人们作为洗涤的材料。果皮中含有皂素，溶于水后可拿来洗涤。早期的先民便是运用无患子的果实来清洗衣物或头发，甚至洗涤珠宝，让宝石增加光泽。

　　无患子具有皂素的果实，有谁会想吃它呢？这一吃，不就满口泡泡吗？根据少数民族的观察，飞鼠爱吃无患子的果实，因此他们常在无患子的结果季节，守在树下等候飞鼠。

每到秋冬季节，无患子满树金黄色的叶片，为缤纷的山林点缀着不同的色彩。

无患子未成熟的果实呈现黄绿色，有时候会两两相生。

天然的染料——栀子

栀子的果实造型奇特，有人说像古代的酒器"卮"，因此取名为"栀"。果实成熟后为橙黄色，含有天然的黄色素，自古便拿来作为黄色的染料。古代皇帝穿的龙袍就是用栀子染成的。栀子不仅可以用来染布，也含有天然的食用色素。早期用来腌渍成黄萝卜，还有黄色的粉粿及黄色面条，都是因为添加了栀子而染成的。

栀子开花时散发浓郁的香味。

果实的形状像古代的酒器，因而得名。

果实含有黄色素，可做黄色的染料及食用色素。

将捆绑好的方巾和栀子果实一起煮染。

用栀子染成的黄色方巾。

天然的染料——粗糠柴

　　喜爱阳光的粗糠柴广泛地生长在低海拔的开阔平原。由于枝叶有米糠状的粉状物，因此有粗糠柴之名。果实成熟时为橘红色，也唯有在这个时候才会引起人们的注意。粗糠柴果实的表面布满红褐色的毛绒腺体，可提炼为红色或橘色的染料。

天然的化妆品——胭脂树

　　来自热带美洲及南美的胭脂树，鲜红色的果实耀眼动人。当地人将胭脂树的种子磨碎后产生的红色汁液直接涂抹在嘴唇上成为口红，或均匀涂在脸上成为胭脂，因而名为"胭脂树"。这汁液不仅不会掉妆褪色，也容易清洗，不会对皮肤造成伤害，可说是天然的化妆品。

上图：粗糠柴干燥的果实仍然保持着鲜红色。
下图：粗糠柴的果实可做天然的染料。

胭脂树的种子可做成红色染料，为天然的化妆品。

天然的蜡烛——乌桕

秋冬来临之时，乌桕那宛如魟鱼的特殊菱形叶片被季节染红，许多人特别喜爱捡拾收藏。每年的盛夏是花期，花谢后便在枝条上孕育果实。成熟时结出黑褐色的蒴果，开裂成三瓣，显露出有白色假种皮的种子。这层假种皮具有油蜡质，是早期制作蜡烛、油漆或肥皂的原料。去除假种皮之后，种子可榨油，作为灯火的油料。要小心注意的是它的木材汁液及叶子有毒，不可拿来食用。

黑褐色成熟的蒴果开裂后，露出具有白色假种皮的种子。

上图：菱形的叶片宛如魟鱼的外形。
右图：未成熟的绿色果实。

215

天然的油料——石栗

　　曾有伙伴捡拾了一堆石栗的果实送给我，看着那一袋东西，还以为他给我的是一堆石头，而不是果实。掉在地上掷地有声，果然十分坚硬。果实成熟后会自行掉落，外果皮脱落之后，坚硬的内果皮保护着种子。种子富含油分，可以提炼为烛油，也可做成油漆或肥皂的原料。

种仁富含油脂，可榨油，是热带的油料植物之一。

种子如同石头一般坚硬，掉在地上掷地有声。

216

夏日消暑的饮品——爱玉

　　炎炎夏日，吃一碗爱玉，清凉又消暑。爱玉冻是由爱玉的果实制作而成的。爱玉是台湾特有的藤本植物，大多生长在海拔1200至1900米的地区。这看似果实的爱玉果，其实是由花托构成的隐花果，真正的花隐藏在膨大的花托内侧，必须借由榕果小蜂才能传粉而结实。花长在哪里，果实就结在哪里，因此我们搓洗的爱玉子其实才是爱玉的果实。爱玉果实富含胶质，遇水搓揉后会凝结成冻，加点柠檬更具风味。

　　爱玉在平地有一个我们常见的兄弟——薜荔，也可经搓揉后产生胶质，但口味不及爱玉，因此虽然到处可见薜荔，却没有人拿来使用。虽然人们不爱，鸟儿却爱，成熟后榕果开裂，引来绿绣眼进食，并将种子传递出去。

爱玉的隐花果略呈倒三角形，花与果隐藏在其中。

这是开裂的薜荔隐花果，可见成熟的薜荔果实，以水搓揉也可产生胶质，但口感不及爱玉。

爱玉是一种藤蔓植物，是台湾特有种植物。

薜荔的隐花果比较宽圆，可和爱玉区别。

自然玩具

台湾早期农业时代的孩童,不似现在有这么多酷炫且具有声光效果的玩具,小朋友的创意无穷,常发挥自己的想象力及创造力,运用自然的素材,制作玩具。有的自然成形,有的则需要一点加工,借由这些玩具,让小朋友一样可以悠游于大自然。

现今的小朋友,物质条件充裕,大多局限于室内打电子游戏,十分可惜。其实当我们置身于自然之中,感官会变得更敏锐,想象力及创造力也会随之提升。爸爸妈妈应该多带小朋友接触大自然,也可试着去创造属于自己的玩具。

大叶桉战斗陀螺

校园里有棵大叶桉,每当带小朋友进行观察时,只要走到大叶桉的树下,大家便会多停留一段时间。因为地上有许多大叶桉的落果,以及可爱的小帽盖。果实的形状上宽下窄,形成一个杯状,可以拿来当作陀螺玩,让小朋友爱不释手。

大叶桉的花苞上有个盖子,是由花萼与花瓣合生而成的。开花时盖子会自然掉落,绽放花蕊。

上图: 大叶桉的果实,被小朋友称为战斗陀螺,总能玩上好几回。
下图: 掉落的盖子就像个小帽子,小朋友说这是冰激凌甜筒。

果实子弹

朴树、樟树、苦楝的果实都是手制竹筒枪的子弹或弹弓的子弹，视竹枪筒的大小，寻找合适的果实种子作为子弹。农家常见的朴树，圆而小的果实常被拿来使用。小时候什么东西都可以玩，就算找不到适合做子弹的果实，用沾湿的卫生纸也可当成子弹。

樟树的果实也可作为竹筒枪的子弹。

朴树圆而小的果实是竹筒枪的子弹。

苦楝椭圆形的果实可作为弹弓的子弹。

腊肠树警棍

腊肠树长条状的豆荚，果皮坚硬，好像警棍一般。

每个种子都有自己的房间，住在一个空格之内。每个房间用特别的胶状物质隔离着，宛如沥青一般，闻起来有特殊的气味。

凤凰木弯刀

凤凰木弯刀般的豆荚，常是小朋友玩骑马打仗的用具之一。

枫香戒指

成熟落地的枫香果实，长长的果梗，连接着海胆状的果实。将
果梗弯曲，插入其中一个凹洞，便成为一颗十克拉的大钻戒。

血藤长条状的豆荚具有黄褐色的绒毛。

血藤"电火子"

毛茸茸的黄褐色血藤豆荚，成熟后会自然开裂，掉落出黑色的种子。小时候，调皮的男生喜欢拿血藤的种子用力磨擦生热后，拿去"烫"女生的手臂，俗称"电火子"。另外，鸭腱藤的种子也可以这样玩。

血藤的黑色种子，过去是小男孩拿来恶作剧的玩具。

鸭腱藤是台湾最大的豆科植物，拥有硕大的豆荚。坚硬的红褐色种子，民间拿来做成刮痧的器具。

参考书目

◎图书

台湾野果观赏情报　赖丽娟、徐光明合著　晨星出版

台湾野花365天（春夏篇、秋冬篇）　张蕙芬、张碧员等合著　大树文化　1997.08

台湾维管束植物简志　"农委会"出版

身旁杂草的愉快生存法　稻垣荣洋著　晨星出版　2007.10

果实种子图鉴　林文智著　晨星出版　2008.06

植物学百科图典　彭镜毅著　猫头鹰出版　2011.08

种子哪里来　席佛顿著　商周出版　2011.01

种子从哪里来　席佛顿著　黄郁婷译　晨星出版　2006.12

蔬果观察记　稻垣荣洋著　晨星出版　2006.10

◎期刊论文资料

台湾原生猕猴桃属分类及其分布　谢东佑　中兴大学园艺学系所　博士论文　2011.06

台湾具翅散殖体植物分类研究　陈以臻　屏科大森林系硕士班专题报告　2011.06

◎网站

发现台湾植物

http://taiwanplants.ndap.org.tw/index.htm

台湾树木解说

http://www.envi.org.tw/twtrees/

自然科学博物馆终身学习网络教材——植物博览

http://web2.nmns.edu.tw/botany/home.php

TAIBNET台湾物种名录

http://taibnet.sinica.edu.tw/home.php

台湾野生植物资料库特有生物保育中心

http://plant.tesri.gov.tw/plant100/index.aspx

台湾大学农艺学系种子研究室全球资讯网

http://seed.agron.ntu.edu.tw/home/index1.htm

图书在版编目(CIP)数据

野果游乐园/黄丽锦著. —北京:商务印书馆,2016
(自然观察丛书)
ISBN 978-7-100-11640-4

Ⅰ.①野…　Ⅱ.①黄…　Ⅲ.①野果—普及读物
Ⅳ.①QS759.83-49

中国版本图书馆 CIP 数据核字(2015)第 240532 号

本书由台湾远见天下文化出版股份有限
公司授权出版,限在中国大陆地区发行。
本书由深圳市越众文化传播有限公司策划。

野果游乐园

黄丽锦　著

商 务 印 书 馆 出 版
(北京王府井大街36号　邮政编码100710)
商 务 印 书 馆 发 行
北京新华印刷有限公司印刷
ISBN 978-7-100-11640-4

2016年1月第1版　　　开本 889×1240 1/32
2016年1月北京第1次印刷　印张7
定价:49.00元